高 等 学 校 教 材

高分子化学实验

孙汉文　王丽梅　董　建　主编

化学工业出版社

·北京·

本书共分三篇。第一篇介绍了高分子化学实验技术，内容包括高分子化学实验基础操作、实验装置、聚合方法、原料的制备和精制、聚合物的分离和纯化。第二篇为高分子化学实验，内容涉及逐步聚合、自由基聚合、离子聚合、开环聚合、高分子化学反应。第三篇为高分子材料基本性能与测试。

本书可作为材料化学、应用化学、化学、化工及相关专业本、专科生的实验教学用书，也可供从事高分子材料开发、研究和应用的工程技术人员参考。

图书在版编目（CIP）数据

高分子化学实验/孙汉文，王丽梅，董建主编 . —北京：化学工业出版社，2012.4（2025.1 重印）
高等学校教材
ISBN 978-7-122-13722-7

Ⅰ . 高…　Ⅱ . ①孙…②王…③董…　Ⅲ . 高分子化学-化学实验-高等学校-教材　Ⅳ . O63-33

中国版本图书馆 CIP 数据核字（2012）第 038177 号

责任编辑：宋林青　　　　　　　　　　　文字编辑：孙凤英
责任校对：陈　静　　　　　　　　　　　装帧设计：关　飞

出版发行：化学工业出版社（北京市东城区青年湖南街 13 号　邮政编码 100011）
印　　装：北京虎彩文化传播有限公司
710mm×1000mm　1/16　印张 8　字数 186 千字　2025 年 1 月北京第 1 版第 7 次印刷

购书咨询：010-64518888　　　　　　　售后服务：010-64518899
网　　址：http://www.cip.com.cn
凡购买本书，如有缺损质量问题，本社销售中心负责调换。

定　　价：28.00 元　　　　　　　　　　　版权所有　违者必究

《高分子化学实验》编写组

主　　编　　孙汉文　　王丽梅　　董　建

编写人员

孙汉文　　王丽梅　　董　建

孙建之　　王敦青　　郑　超

顾相伶　　付春华　　魏荣敏

前　　言

高分子化学是高分子材料与工程、应用化学、材料化学等高分子相关专业学生必修的专业基础课，也被列为化工、化学、轻工等众多系科学生的必修课或选修课。高分子化学实验是一门专业实验课，是学生在学习高分子化学理论后所进行的实验训练。

化学实验的目的不只是完成实验项目，更重要的是掌握相应的实验技术，使学生具备相关的实验技能。为此，本书第一部分详细介绍了高分子化学实验技术基础，内容包括高分子化学实验室安全与防护、化学试剂的精制、配制标准溶液、基本物理常数的测定、聚合反应温度的控制、聚合反应的搅拌、常用装置简介、聚合方法、常用原料的制备和精制、聚合物的分离和纯化。

本教材共引入实验项目30个，每个实验项目除包括必要的实验目的、实验原理、仪器设备、实验步骤及思考题外，从培养创新性综合型人才的角度考虑，还针对性地增设了实验扩展部分、知识扩展部分、可替换实验项目等。

本教材不仅包括高分子材料合成，还包括必要的高分子材料测试方法。在教材的第三部分，加入了部分必要的高分子材料测试实验；在有些实验项目中也增设了针对性的性能测试内容。

本书由德州学院孙汉文、王丽梅、孙建之、顾相伶、付春华、王敦青、魏荣敏、泰山医学院董建、郑超编写，全书由孙汉文、王丽梅、董建三位主编进行增删、修改，最后由孙汉文主编统稿定稿。

编者根据高分子化学实验教学的实际经验，参阅国内外相关教材及文献资料，编写了此教材，在此对相关兄弟院校的同行、专家表示诚挚的谢意。

本书在编写过程中，得到德州学院教材建设基金项目的资助，并得到化学工业出版社的支持与帮助，在此深表衷心的感谢。感谢万纪玲、李义伟、李建同学对部分实验的校阅。

编　者

2012 年 1 月于德州学院

目　　录

第二篇　高分子化学实验

第三篇　高分子材料性能与测试

第一篇 高分子化学实验技术基础

第1章 绪 论

1.1 开设高分子化学实验课程的目的

通过高分子化学实验，可以获得许多感性认识，加深对高分子化学基础知识和基本原理的理解；通过高分子化学实验课程的学习，能够熟练和规范地进行高分子化学实验的基本操作，掌握实验技术和基本技能，了解高分子化学中采用的特殊实验技术，为以后的科学研究工作打下坚实的实验基础。

在实验过程中，学生需要提出问题、查阅资料、设计实验方案、动手操作、观察现象、收集数据、分析结果和提炼结论，这也是一个进行课题研究的锻炼过程。

进行高分子化学实验，除了知识基础和能力因素以外，严谨务实的工作态度、乐于吃苦的工作精神、存疑求真的科学品德和团结合作的工作风格也是必不可少的。

因此，高分子化学实验过程的教学重点是传授高分子化学的知识和实验方法，然而训练科学研究的方法和思维、培养科学品德和科学精神更为重要。

1.2 高分子化学实验课程的学习要求

高分子化学实验课程的学习以学生动手操作为主，辅以教师必要的指导和监督。一个完整的高分子化学实验课由实验预习、实验操作和实验报告三部分组成。

1.2.1 实验预习

无论是现在做普通实验还是以后从事科学研究，在进行一项高分子化学实验之前，首先要对整个实验过程有所了解，对于新的高分子合成化学反应更要有充分的准备。要带着问题做实验预习，如为什么要做这个实验？怎样顺利完成这个实验？做这个实验得到什么收获？预习过程要做到看（实验教材和相关资料）、查（重要数据）、问（提出疑问）和写（预习报告和注意事项）。通过预习需要了解以下方面的内容：

（1）实验目的和要求；

（2）实验所涉及的基础知识、实验原理；

（3）实验的具体过程；

（4）实验所需要的化学试剂、实验仪器和设备以及实验操作；

（5）实验过程中可能会出现的问题和解决方法。

在高年级学生做毕业论文时，会接触到新的实验，预习过程还包括文献的查阅、实验方案的拟定和实验过程的设想。自己做实验时，玻璃仪器和电器皆需要自己准备，切不要事到临头缺三少四，影响实验的正常进行。

1.2.2 实验操作

高分子化学实验一般需要很长时间，过程进行中需要仔细操作、认真观察和真实记录，做到以下几点。

（1）认真听实验老师的讲解，进一步明确实验进行过程、操作要点和注意事项。

（2）搭建实验装置、加入化学试剂和调节实验条件，按照拟定的步骤进行实验，既要细心又要大胆操作，如实记录化学试剂的加入量和实验条件。

（3）认真观察实验过程发生的现象，获得实验必需的数据（如反应时间、馏分的沸点等），并如实记录到实验报告本上。

（4）实验过程中应该勤于思考，认真分析实验现象和相关数据，并与理论结果相比较。遇到疑难问题，及时向实验指导老师和他人请教；发现实验结果与理论不符，仔细查阅实验记录，分析原因。

（5）实验结束，拆除实验装置、清理实验台面、清洗玻璃仪器和处置废弃化学试剂，实验记录经指导老师查阅后，方可离开实验室。

1.2.3 实验报告

做完实验后，需要整理实验记录和数据，把实验中的感性认识转化为理性知识，做到以下各点。

（1）根据理论知识分析和解释实验现象，对实验数据进行必要处理，得出实验结论，完成实验思考题。

（2）将实验结果和理论预测进行比较，分析出现的特殊现象，提出自己的见解和对实验的改进。

（3）独立完成实验报告。实验报告应字迹工整、叙述简明扼要、结论清楚明了。完整的实验报告包括：实验题目、实验目的、实验原理（自己的理解）、实验记录、数据处理、结果和讨论。

1.3 高分子化学实验室安全与防护

进入高分子化学实验室首先要了解实验室安全与防护的知识，这是顺利地进行高分子化学实验的重要保证。要遵守所在实验室的安全规则，正确规范地存放和使用化学试剂，了解紧急事故的处理方法和消防知识。

1.3.1　高分子化学实验室安全规则

（1）准时上课，提前预习好实验。

（2）熟悉实验室的安全设施和安全防护的方法，实验仪器设备的安装和运行要按有关的规定和操作规程进行。

（3）对所用的化学试剂必须了解其物性和毒性，正确使用和防护。使用时看好标签，严禁将试剂混合或挪作他用，严禁将药品携带出实验室。

（4）实验公用的仪器、试剂使用后要放回原处，遗洒的试剂要及时清理。

（5）实验态度认真，操作中要仔细，实事求是。实验条件要严格控制，并在实验时仔细思考。实验中不要做与实验无关的事，不得擅自离开。

（6）严禁将所合成的聚合物、不溶的凝胶、杂物等倒入水池，以免堵塞下水道。实验中使用过的废溶剂严禁随意倒入水池，应收集在分类的回收瓶中。

（7）实验室应保持干净、整洁，实验完毕安排值日生进行清扫。

（8）在离开实验室之前，必须仔细检查，断水、断电（除冰箱外），关窗锁门。

（9）了解和掌握各种灭火器的使用方法，以备必要时可正确使用。

1.3.2　化学试剂的使用安全

正确规范地存放和使用化学试剂是化学实验顺利进行的前提，也是实验室财产和人身安全的重要保证。下面介绍化学试剂存放和使用的基本常识。

所有试剂在存放时都应具备明确的标签，包括名称、含量或纯度、生产日期和毒性。

一般常用溶剂要分类存放，按有机物和无机物分成两大类，有机试剂再按照醇、醛、酮、酸、胺、盐类等细分为几类存放；特殊试剂的存放要注意以下几方面原则：

（1）活泼金属必须浸泡在煤油中；

（2）单体、生物试剂等需要在冰箱中存放，并密封好；

（3）引发剂、催化剂等需要在干燥器中避光存放；

（4）易挥发、易升华试剂必须保证密封，存放在通风处或干燥器内；

（5）易燃的有机物和还原剂不能与强氧化剂放在一起；

（6）惰性气体的压力气瓶不能放在过道，并注意检查气瓶出口是否有泄漏；

（7）可燃性气体和有毒气体必须存放在室外专用的气柜中，并严格管理；

（8）剧毒药品应由专人管理，购买和使用必须严格遵守相关规定。

许多化合物对人体都有不同程度的毒害，一切有挥发性的物质，其蒸气长时间、高浓度与人体接触总是有毒的。随着中毒情况的加深和持续性的影响会出现急性中毒和慢性中毒。急性中毒是在高浓度、短时间的暴露情况下发生的，并表现出全身的中毒症状；慢性中毒也可在同一条件下发生，但通常是在较低浓度、长时间暴露情况下发生的，毒性侵入人体后发生积累性中毒。急性中毒除造成致命的危险外，一般危险性较小，比慢性中毒容易得到恢复，而且症状明显，容易辨认。但无论是何种中毒情况，对人体都是不利的。

化学试剂使人中毒的主要途径有吸入、经皮肤接触和经口三种。支配毒性的最重要因素之一是溶剂的挥发性，高挥发性溶剂在空气中的浓度较高，因此达到致命浓度的可能性就高。低挥发性溶剂相对比较安全，但要注意经皮肤和经口的中毒。化学试剂的毒性各不相同，在使用时应特别注意了解试剂的毒性，以便正确使用和防护。

经过长期的实践和研究，人们总结了常用试剂的毒性，并加以分类。如果按对人体的损害程度分类，可以大致分为低毒性、中等毒性和高毒性三类。如果所用的试剂属于中等或以上毒性，就必须进行防护。以下列出一些常见强毒性试剂，另有国家颁布的剧毒化学品目录可以通过各种渠道查询。

（1）有毒气体：氯气、氨气、氯化氢、二氧化硫、光气、一氧化碳、硫化氢、甲烷等。

（2）重金属：铅、铊、汞等。

（3）芳香烃类化合物：苯、氯苯、苯胺、硝基苯、苯肼、4-氨基联苯、多环芳烃等。

（4）其他含氮化合物：乙腈、氰化物、亚硝基化合物等。

（5）含卤素的化合物：氯仿、四氯化碳、碘甲烷、碘乙烷、氯化亚砜、六氟丙烯、二氯乙烷、氯乙醇、溴甲烷、溴乙烷等。

（6）含硫的化合物：二硫化碳、硫酸二甲酯等。

（7）高度致癌物：苯、铍及其化合物、镉及其化合物、六价铬化合物、镍及其化合物、环氧乙烷、砷及其化合物、煤焦沥青、石棉纤维、氯甲醚、甲苯-2,4-二异氰酸酯等。

对于有毒化学试剂在使用中的防护，应做到了解试剂物性和毒性以及必要的防护措施，以便安全存放和使用；实验室应具备必要的防护措施，具有良好的自然通风和通风效果达标的通风柜，试剂的称量和进行有机化学反应时应尽量在通风柜中进行，尽量减少接触有毒化学物质的蒸气；养成良好的药品使用习惯，应避免有毒化学物质接触五官或伤口，使用化学试剂要戴橡胶手套和防护眼镜，必要时佩戴防毒面具。

正确规范地操作是安全的重要保证。例如，不使用明火直接加热有机溶剂，做带加热的实验时要根据反应温度加装冷凝管，切不可将整个装置处于密闭状态进行反应；常压蒸馏时装置亦不可完全密闭，蒸馏低沸点易燃溶剂时，支管处可用橡皮管接到窗外或吸收剂中，切勿忘记打开冷凝水；做任何回流实验时不要忘记加入沸石或安装其他安全装置。

使用易燃易爆气体或有毒气体应保证气体管路无泄漏，并避免任何火星产生。实验室中的煤气管路要经常检查有无泄漏，煤气灯和连接橡皮管在使用前也要检查，及时更换老化的橡皮管；使用时发现有泄漏情况，应首先关闭气瓶总阀，立即熄灭室内所有火源，关闭高温设备，开窗通风。大量泄漏事故要首先自救，并通知火警。

使用活泼金属时要特别注意防潮防水，不可直接用于干燥含水较多的乙醚。活泼金属在转移时应动作迅速，表面的煤油用干燥的滤纸沾干。使用剩余的金属要马上泡在煤油中，不准备保留的金属碎屑切不可随意丢弃，应往反应瓶中缓慢滴加乙醇，使金属完全反应完毕，再作为废液处理。

1.3.3　化学实验意外事故的紧急处理

在实验过程中遇到紧急情况，要了解处理和急救方法，争取减少损失和伤害。

（1）皮肤接触：如遇有毒化学试剂接触皮肤，要立即用大量清水冲洗；酸碱灼伤时可再用质量分数低于5％的碳酸氢钠和醋酸清洗。若接触硝基化合物、含磷有机物等，应先用酒精擦洗，再用清水冲洗。

（2）吸入气体中毒：立即转移到通风处或室外，解开衣领，必要时应进行人工呼吸并送医院急救。吸入少量溴、氯、氯化氢气体者，可先用碳酸氢钠溶液漱口。

（3）毒物入口：若遇毒物溅入口中，应立即吐出并用大量水清洗口腔。若已吞下，可立即催吐，无法催吐时还可马上服用鸡蛋白、牛奶，并到医院做进一步治疗；若吞下强酸、强碱类化合物，则不可催吐，而要立即饮用大量水，再服用一些可中和酸碱的食品。

（4）化学试剂溅入眼中：立即用大量水清洗（有条件的可立即用洗眼器进行清洗），清洗后仍觉不适，要马上到医院做进一步治疗。

（5）触电急救：立即关闭电源，用不导电物将触电者脱离，对触电者进行人工呼吸并立即送医院抢救。

（6）割伤处理：实验室中最常见的就是玻璃割伤，如小伤口中有玻璃碎屑，应小心取出（或到医院做此项处理），用蒸馏水清洗伤口。为防止有化学试剂污染伤口，可挤出少许血液清创，并用消毒绷带扎好。大伤口应先用力按住主血管止血，并立即到医院处理。

1.3.4　消防常识

防火对于化学实验室是非常重要的。实验中的正确操作可以避免火灾的发生。要学会使用灭火器，及时更换到期的灭火器，并了解灭火器的灭火种类和使用方法。一般实验室常用干粉灭火器、二氧化碳灭火器，仪器分析实验室常用1211灭火器。

要熟悉实验室的布局和逃生路线，了解发生火灾的紧急处理方法。实验室一旦发生着火事故，首先不要惊慌，应保持沉着镇静，先移开附近的易燃物，切断电源，视情况做相应处理。

（1）瓶内溶剂着火或油浴内导热油起火，且火势较小，可立即用石棉网或湿布盖住瓶口，隔氧熄火。若洒在地上的少量溶剂着火，可用湿布或黄砂盖住熄火。极少量活泼金属起火可以使用干黄砂灭火，也可使用灭火器。

（2）实验室中可扑救的火势，一般不用水灭火，应用灭火器，在一定的安全距离内，从周围向中间喷射；无法自救的火势要立即逃生到安全处拨打火警电话119。

（3）衣服着火切勿惊慌，不要奔跑，应用湿布盖住着火处，或直接用水冲灭，严重的情况要马上躺在地上打滚熄火。

（4）逃生过程中不要贪恋财务，烟雾较大时应用湿布捂住口鼻，贴地面爬行；不能乘坐电梯，不能轻易从高层跳下；及时呼救并采取一切降温措施以保全生命。

1.3.5　"三废"处理

在化学实验中经常会产生有毒的废气、废液和废渣，若随意丢弃不仅污染环境，危害健康，还可能造成不必要的浪费。正确处理"三废"是每个人都应该具备的环保意识和知识。

（1）有毒废气的处理：在实验中如产生有毒气体，应在通风橱内进行操作，并加装气体接收装置。如产生二氧化硫等酸性气体，可通入氢氧化钠水溶液吸收；碱性气体用酸溶液吸收。还要注意一些有害的化合物由于沸点低，反应中来不及冷却以气态排出，应将其通入吸收装置，还可加装冷阱。

（2）一般的废溶剂要分类倒入回收瓶中，废酸废碱要分开放置，有机废溶剂分为含卤素有机废液和不含卤素有机废液，应由专业回收有机废液的单位进行处理。

（3）无机重金属化合物严禁随意丢弃，应进一步处理后，作为废液交专业回收单位处理。含镉、铅废液加入碱性试剂使其转化为氢氧化物沉淀；含六价铬化合物要先加入还原剂还原为三价铬，再加入碱性试剂使其沉淀；含氰化物废液可加入硫酸亚铁使其沉淀；含少量汞、砷的废液可加入硫化钠使其沉淀。

（4）千万不能将反应剩余的活泼金属（不要认为表面氧化的剩余金属不危险）倒入水池，以免引起火灾。废金属也不可随便掩埋，可向有废金属的烧瓶中缓慢滴加乙醇，直到金属反应完毕。此期间产生的废液仍应作为有机废液处理。

（5）无毒的聚合物尽量回收，直接丢弃会由于难以降解而造成白色污染；有一定流动性的聚合物切记不能直接倒入下水道，以免堵塞；自己合成的聚合物需保留的要标明成分，不需保留的应及时处理。

（6）切记不可将乳液倒入下水道。无论是小分子乳液还是聚合物乳液都可能会污染水质或破乳沉淀堵塞下水管道。正确的处理方法是将乳液破乳后分离出有机物再进一步处理。

第2章　高分子化学实验基础操作

在进行高分子化学合成实验过程中，离不开一些基本的化学实验操作，例如，实验前对原料的精制、简单实验装置的搭建和对实验条件的控制等。这些基础的实验操作是进行高分子化学研究所必备的基本功。

2.1　化学试剂的精制

2.1.1　蒸馏

蒸馏是提纯化合物和分离混合物的一种十分重要的方法。高分子化学实验中经常会用到蒸馏的场合是单体的精制、溶剂的提纯以及聚合物溶液的浓缩等，根据被蒸馏物的沸点和实验的需要，可使用不同的蒸馏方法。

2.2.1.1　普通蒸馏

普通蒸馏在高分子化学实验中一般用于溶剂的提纯，被蒸馏物的沸点不仅与外界压力有关，还与其纯度有关，因此不能简单地认为文献中查到的沸点就一定是馏出液的沸点。蒸馏装置由烧瓶、蒸馏头、温度计、冷凝管、接收管和收集瓶组成（如图 2-1 所示），切记整套装置不可完全密闭，必须使尾接管支管与大气相通。在蒸馏操作时，特别要注意液体沸腾过程是围绕汽化中心进行的。如果液体中几乎不存在空气，烧瓶壁又十分洁净光滑，很难形成汽化中心，就会发生"过热"现象，进而出现"暴沸"，不仅危险，也失去了蒸馏的意义。为了防止液体暴沸，需要加入少量沸石，磁力搅拌也可以起到相同的效果。在任何情况下，切勿将助沸物加到已受热并可能沸腾的液体中，这样很容易导致暴沸，应待被蒸馏液体冷却下来再加。如果沸腾一度中止，在重新加热前应放入新的沸石，原来的沸石很可能由于加热而使细孔中的空气跑掉，而冷却时又吸附了液体而失效。蒸馏时还要注意蒸馏速度不可过快，尤其在液体即将沸腾的时候，要减小加热量使其平稳地馏出，此后再调节加热量，控制馏出速度在每秒 $1\sim2$ 滴为宜。蒸馏速度过快，沸腾比较剧烈，有可能会将被蒸馏液体中的一些重组分杂质带出，而影响接收馏分的纯度。此外，在使用蒸馏操作分离混合物时，要注意被分离组分之间的沸点差应在 $40℃$ 以上，应用此方法才能达到分离效果。

2.1.1.2　分馏

如果要分离的混合物各组分间沸点比较接近，用简单蒸馏难以分离，可以使用分馏柱进行分离，称为分馏。分馏装置就是在普通蒸馏装置中的蒸馏头和烧瓶之间

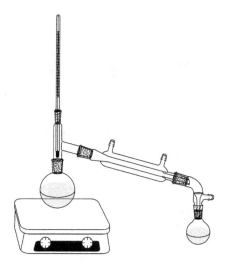

图 2-1　普通蒸馏装置

加上分馏柱，分馏柱的基本原理是利用气液平衡，相当于进行多次的简单蒸馏，达到分离的目的。因此分馏柱的选择就相当重要，通常分馏柱越长或者分馏柱内装有可供气液接触的填料时，分馏效果越好。分馏要缓慢进行，不可过快，在分馏过程中，通常会在分馏柱外加一层保温材料，以减少分馏柱的热量损失。

2.1.1.3　减压蒸馏

减压蒸馏特别适用于在常压蒸馏时未达沸点即已受热分解、氧化或聚合的液体的分离提纯。在高分子化学实验中，常用的烯类单体沸点比较高，如苯乙烯的沸点为 145℃、甲基丙烯酸甲酯为 100.5℃、丙烯酸丁酯为 145℃，这些单体在较高温度下容易发生热聚合，因此不宜进行常压蒸馏。高沸点溶剂的常压蒸馏也很困难，要耗费较多能源，减压后溶剂的沸点下降，可以在较低的温度下得到馏分。在缩聚反应过程中，为了提高反应程度、加快聚合反应进行，需要将反应产生的小分子产物从反应体系中脱除，减压脱除小分子避免了聚合物在高温下长时间受热而氧化发黄甚至分解。被蒸馏物的沸点不同，对减压蒸馏的真空度要求也各异。实际操作中可按需要配置不同的真空设备，例如较低真空度（1～100kPa）可使用水泵，较高真空度（小于 1kPa）必须使用油泵。

真空泵是减压蒸馏的核心部分，应根据待蒸馏化合物的沸点选用适当的真空泵。循环式水泵结构简单，使用方便，维护容易，使用水泵一般可以获得 1～2kPa的真空度，由于水的蒸气压为水泵所能达到的最低压力，所以实际的真空度与水泵的水温也有关，使用循环水泵保持水温较低就可以获得相应较高的真空度。在高分子化学实验中，烯类单体的纯化，如苯乙烯、甲基丙烯酸甲酯、丙烯酸、丙烯酸丁酯等的减压蒸馏可以使用循环式水泵。循环式水泵与真空装置的连接之间最好加上安全瓶，必要时要加上干燥塔，以防止由于操作失误时馏分抽到泵中。为了维持循环式水泵良好的工作状态和延长它的使用寿命，最好每使用一次就更换水箱中的水。

真空油泵是一种比较精密的设备，它的工作介质是特制的高沸点、低挥发的泵油，它的效能取决于油泵的机械结构和泵油的质量。合格油泵使用质量好的真空泵油，可以达到 $0.2\sim0.5\text{Pa}$ 的工作压力。用油泵减压、要达到较高的真空度，首先要确保系统所有连接处的气密性；其次真空油泵使用时需要净化干燥等保护装置，以除去可能进入泵中的低沸点溶剂、酸碱腐蚀性气体和固体微粒，因为固体杂质和腐蚀性气体进入泵体都可能损伤泵的内部、降低真空泵内部构件的密合性，低沸点的液体与真空泵油混合后，会使工作介质的蒸气压升高，从而降低真空泵的最高真空度。净化干燥装置中的干燥塔又称吸收塔，一般在连接真空泵之后顺序填充氯化钙以吸收水汽、氢氧化钠以吸收酸性气体和石蜡片以吸收烃类蒸气，还可根据实际情况填充干燥剂或吸收剂。为更有效地防止腐蚀气体进入真空泵，还可在干燥塔后连接以液氮充分冷却的冷阱和安全瓶。因此在使用油泵的减压蒸馏系统中，接收瓶与油泵之间应依次安装安全瓶、冷阱、水银压力计和干燥塔（如图 2-2 所示）。在首次使用三相电机驱动的油泵时，应检查电机的转动方向是否正确，及时更换电线的相位，避免因反转而导致喷油。除了上述保护措施外，还应定期更换泵油。

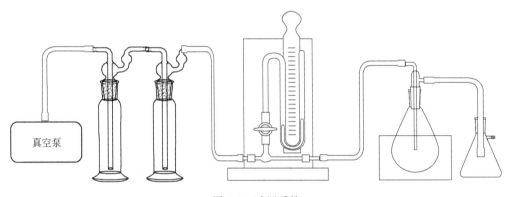

图 2-2　减压系统

减压蒸馏装置在大多数情况下使用克氏蒸馏头，直口处加装一个毛细管插入液面鼓泡提供沸腾的汽化中心，防止液体暴沸（见图 2-3）。对于阴离子聚合等使用的单体蒸馏时，要求绝对无水，因此毛细管上口要通入干燥的高纯氮气或氩气，或不使用鼓泡装置，改用磁力搅拌并提高磁力搅拌速度来解决。

在做减压蒸馏实验时应按上述要求搭好减压蒸馏系统，每次蒸馏量不超过蒸馏瓶容积的 1/2。先启动真空油泵，调节三通活塞使系统逐渐与空气隔绝；继续调节活塞，使蒸馏系统与真空泵缓缓相通，调节毛细管进气量使其可以平稳地产生小气泡。水银压力计的操作也要格外注意，最好使用带有活塞的封闭式水银压力计，测压时打开活塞，测压完毕关上活塞。当系统达到合适真空度时，再开始对待蒸馏液

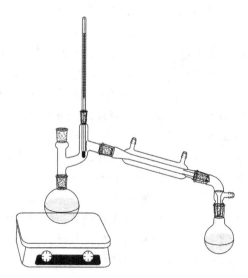

图 2-3 减压蒸馏装置

体进行加热，开始的加热量可以稍大，当蒸馏瓶瓶壁上出现回流迹象时，立即减小加热量，防止暴沸。保持温度使馏分馏出速度在 1~2 滴/s 为宜。蒸馏完毕，先移去热源，待液体冷却无馏分流出时，缓慢调节三通活塞解除真空，同时调节毛细管进气量，防止被蒸馏液体压入毛细管使其堵塞。当压力与大气平衡时方可断开真空泵电源，拆除蒸馏装置。否则系统中压力较低，泵油会倒吸入干燥塔。蒸馏完毕完全解除真空后再缓慢打开压力计上的活塞使水银柱恢复原状。要获得无水的蒸馏物，仍需注意用干燥惰性气体由毛细管通入体系，直到恢复常压，并在干燥惰性气流下撤离接收瓶，迅速密封。

2.1.1.4 水蒸气蒸馏

水蒸气蒸馏也是分离提纯有机化合物的常用方法之一。可用水蒸气蒸馏提纯的有机化合物必须具备以下条件：①不溶于水；②在 100℃左右与水长时间共存不会发生化学变化；③ 在 100℃左右必须具有一定的蒸气压（不小于 10mmHg，1mmHg＝133.322Pa，下同）。水蒸气蒸馏的优势在于当被分离的产物中存在大量黏度较大的脂状或焦油状物时，其分离效果较一般蒸馏或重结晶好。在高分子化学实验中，不常使用水蒸气蒸馏，但在聚合物裂解和提纯中，尤其是带有一定黏度的聚合物的提纯，符合上述条件的可以使用水蒸气蒸馏。与常规蒸馏不同的是，它需要一个水蒸气发生装置，并以水蒸气作为热源，被蒸馏物与水蒸气形成共沸气体，并经冷凝、静置分层后得到被蒸馏物。图 2-4 为简易水蒸气发生和蒸馏装置。在进行水蒸气蒸馏时，先将预分离的混合物置于蒸馏烧瓶中，加热水蒸气发生器，至水沸腾时将通气螺旋夹夹紧，水蒸气即通入蒸馏烧瓶，此时注意调节水蒸气发生器的加热量不要太大，以免通入蒸馏烧瓶的水蒸气过多而使被蒸馏的混合物冲入冷凝管中。如果随水蒸气蒸出的物质在室温是固体，容易在冷凝管析出，应考虑使用空气作为冷却介质。如果已经析出固体并将冷凝管堵塞，则需打开通气螺旋夹，用热吹风机将固体熔化流出后，再关闭通气螺旋夹，继续水蒸气蒸馏。水蒸气蒸馏需中断或结束时，要先打开通气螺旋夹，然后再停止加热，以免蒸馏烧瓶中的液体倒吸入水蒸气发生器。

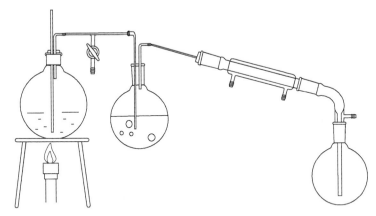

图 2-4　水蒸气发生和蒸馏装置

2.1.2　重结晶

提纯固体化合物最常用的方法之一就是用适当的溶剂进行重结晶。在高分子化学实验中，固体反应物和催化剂、引发剂等都需要用重结晶的方法提纯。固体有机化合物在溶剂中的溶解度和温度有密切的关系，一般是温度升高溶解度增大。若把固体粗产物溶解在热的溶剂中，使之饱和，冷却时，由于溶解度降低，溶液变成过饱和而析出晶体；过滤收集到的晶体要比原来的粗产品纯净，这就是重结晶。重结晶一般适用于纯化杂质含量在 5% 以下的固体有机化合物。杂质含量多，会影响结晶生成的速度，有时变成油状物而难以析出结晶，或在溶剂中溶解量大大低于饱和值，或经过重结晶后得到的固体有机化合物仍有杂质，需经过多步结晶才能提纯。这时可以用其他方法如萃取、水蒸气蒸馏等方法先将粗产物初步提纯，然后再用重结晶纯化。使用重结晶提纯化合物时要掌握几个关键步骤。

2.1.2.1　选择溶剂

进行重结晶的第一个关键问题是选择合适的溶剂，应具备下述条件。

(1) 不与被提纯的物质发生化学反应。

(2) 在较高温度时能溶解较多的被提纯物质，在室温或更低温度下只能溶解少量（越少越好）被提纯物质。

(3) 对杂质的溶解度很大（使杂质留在母液中不随提纯的晶体一起析出）或很小（在制成热饱和溶液后，趁热过滤把杂质滤掉）。

(4) 较易挥发，易与结晶分离除去。重结晶的常用溶剂如表 2-1 所示。

表 2-1 重结晶的常用溶剂

溶 剂	沸点/℃	密度/(g/cm³)	与水混溶性[①]	易燃性[①]
水	100	1.000	+	0
甲醇	64.96	0.792	+	+
乙醇	78.1	0.804	+	++
冰醋酸	117.9	1.049	+	+
丙酮	56.2	0.791	+	+++
乙醚	34.51	0.714	−	++++
石油醚	60～90	0.640～0.650	−	++++
乙酸乙酯	77.06	0.901	−	++
二氯甲烷	40	1.325	−	0
氯仿	61.7	1.480	−	0
四氯化碳	76.54	1.594	−	0
甲苯	111	0.867	−	++
四氢呋喃	66	0.887	+	+++
N,N-二甲基甲酰胺	153	0.950	+	+
二甲亚砜	189	1.101	+	+

① ＋、－表示与水混溶性和易燃性程度的高低，0表示不易燃。

在几种溶剂同样都适用时，则应根据重结晶的回收率，操作的难易，溶剂的毒性、易燃性、用量和价格等来选择。常见有机化合物在溶剂中的溶解度可从手册的溶解度一栏查到。若根据手册仍难确定，或查不到，这时可根据"相似相溶"的规律，把需提纯的化合物的结构与各种溶剂的结构进行比较。当某种物质在一些溶剂中的溶解度太大，而在另一些溶剂中的溶解度太小，不能选择到一种合适的溶剂时，常可使用混合溶剂。使用混合溶剂时的操作与单一溶剂基本相同，在溶解步骤中可将被提纯物质直接溶于混合溶剂，更可取的方法是将被提纯物先溶于一定温度的良溶剂中，如有杂质可趁热滤去，再将不良溶剂缓慢加入此热溶液中，直到出现浑浊不再消失为止，此时刚好过饱和。

2.1.2.2 溶解过程

溶解过程要特别注意温度的控制和溶解情况的判断。重结晶是根据化合物在不同温度下溶解度不同而得到结晶的，因此温度的控制直接关系到溶解度，尤其是聚合用的热引发剂必须在低于 50℃ 的条件下进行溶解，此时温度若控制稍高，就会导致引发剂受热分解而失效。溶解情况和饱和溶液的判断也是非常关键的，如果在一定温度溶剂中加入被提纯物，未完全溶解，应搅拌一会再观察，因为有的化合物溶解速度较慢。这时要特别注意判断是否有不溶性杂质存在，以免误加入过多溶剂，也要防止因溶剂量不够，而把待重结晶物质视作不溶性杂质。当溶液中含有有色杂质时，要用活性炭脱色，它会吸附一些溶剂；热过滤时，溶剂也会挥发一部分，而且溶剂的温度略有降低，因溶解度减少而使结晶析出，给操作带来很大麻烦。因此要根据这两方面的得失权衡溶剂用量，在溶解操作时溶剂量可比实际饱和溶剂量多 5%～10%。

2.1.2.3　趁热过滤和结晶

为了避免在过滤时溶液冷却，结晶析出，造成操作困难和损失，过滤操作必须尽可能快地完成，同时也要设法保持被滤液体的温度，使它尽可能冷得慢些。可将漏斗事先在烘箱中烘热，或用电吹风吹热，但要注意像引发剂提纯这样有上限温度要求时，不能把漏斗加热太高的温度，也可以使用热过滤专用的漏斗。

将盛有滤液的锥形瓶置于冷水浴中迅速冷却并剧烈搅动时，可以得到颗粒很小的晶体。滤液先在室温，再于更低的温度下（如放入冷藏箱中）静置，使其缓缓冷却，可以得到大而均匀的晶体。结晶一段时间，观察没有更多的结晶析出就可以抽滤得到提纯物。但抽滤后的母液也不可随意丢弃，若母液中不含大量溶质，可经蒸馏回收。如母液中溶质较多，可以留存到下次重结晶时使用，以免浪费晶体。得到的提纯晶体可以使用很多方法干燥，但要特别注意晶体的耐受温度。例如引发剂晶体的干燥必须在其分解温度以下，若溶剂是乙醇，可先在室温下晾干，再于真空烘箱中常温干燥。

2.1.3　萃取和洗涤

在高分子化学实验的提纯方法中，除了蒸馏和重结晶这两大常用方法外，萃取和洗涤也是很重要的精制手段。萃取和洗涤的操作是相同的，区别在于萃取是从液体或固体混合物中提取出所需要的物质，洗涤是用来洗去某一试剂或混合物中的少量杂质。本节主要介绍在提纯反应物时所使用的方法。

一般实验中所使用的试剂都是具有较高纯度的，但也有一些试剂无法购买到高纯度的产品，或聚合反应使用的单体本身也是需要通过有机反应自己合成的，这就会应用到萃取方法。萃取是利用物质在两种不互溶的溶剂中溶解度不同而达到分离、纯化的目的。萃取溶剂的选择既要考虑对被萃取物质溶解度大，又要顾及萃取后易于与该物质分离，因此选择时尽量使用低沸点的溶剂。

利用萃取剂与被萃取物发生化学反应，也可达到分离的目的。在高分子化学实验中，一些带有多官能度的单体（如含有两个双键的交联剂）的纯化，多是除去产品出厂时添加的阻聚剂，使用蒸馏的方法通常由于长时间的加热而聚合，得到的馏分很少。这时采用洗涤的方法除去其中的阻聚剂是非常有效的。利用碱液可与阻聚剂反应生成盐的性质，将 5 倍以上的碱液与待纯化的单体相混合，充分洗涤，静置分离，再用蒸馏水洗至中性，分离除水并加入干燥剂干燥，即可达到提纯的目的。

在萃取和洗涤时，特别是溶液呈碱性时，常常会产生乳化现象；有时由于溶剂互溶或两液相密度相差较小，使两液相很难明显分开；有时会在萃取过程中产生一些絮状轻质沉淀，存在于界面附近。这些情况都造成了分离困难，为了解决此问题，可采用的方法有以下几种。

（1）长时间静置。

（2）加入少量电解质，以增加水相的密度，或改变液体的表面张力。

（3）有时可加入第三种溶剂。

（4）将两液相一起过滤。

固体物质的萃取是利用长期浸泡的方法，相应的装置是索式（Soxhlet）提取器，这种方法多用于聚合物的提纯。

2.1.4 试剂的除水干燥

试剂的干燥作为聚合反应之前的精制手段，也是高分子化学实验中的重要操作，尤其是离子型聚合中，所有反应体系中的试剂都必须严格干燥。

干燥液体有机化合物的具体方法有物理法和化学法两种。物理法又可分为分馏法和吸附法。分馏法在本节前面已有介绍；吸附法是使用吸附剂，如离子交换树脂或分子筛吸附水分。吸附剂在使用前必须首先脱水，离子交换树脂在 150℃、分子筛在 350℃脱水，可以反复使用。化学法干燥是利用干燥剂和水进行化学反应除去水分。根据干燥剂和水的作用机制又可分为两类。第一类可与水可逆地结合生成结晶水合物，如氯化钙、硫酸镁等；另一类是与水发生不可逆的化学反应，如金属钠、氧化钙、五氧化二磷等。

第一类干燥剂可以结合不同数目的结晶水，但不同数目的结晶水和结晶表面形成的微饱和溶液的水蒸气压，决定了它的吸水效能。例如无水硫酸镁，最多只能结合 7 个结晶水。这类干燥剂在与水作用生成结晶水时，需要一定的时间，因此干燥时要充分放置。此外，由于这类干燥剂和水的结合是可逆的，温度升高时会脱去结晶水，所以不可以将带有干燥剂的有机试剂直接用于加热实验，应提前过滤。对于第一类干燥剂的选择，要根据其干燥效能和吸水容量而定。例如硫酸钠干燥效能弱但吸水容量大，可以先用来干燥含水量较多的有机试剂；硫酸钙干燥效能强但吸水容量小，可用于干燥含极少水分的试剂。两种干燥剂还可以配合使用达到最佳的干燥效果。尽管如此，由于干燥剂的品种较多，干燥剂的选择和用量还是不易确定，一般 100mL 有机试剂的干燥剂用量为 1～10g。从干燥剂的外观也可以判断其干燥效果，例如氯化钙一般选用几毫米的颗粒进行干燥；无水硫酸盐则选用粉末为好，结块的硫酸盐说明已吸收较多水分，需烘烤脱水。

第二类干燥剂干燥效能都很强，常用在需要彻底干燥严格无水的精制实验中。一些含水较多的试剂可以先用第一类干燥剂干燥后，再加入第二类干燥剂充分干燥。第二类干燥剂和水生成稳定的产物，与水的反应快速、剧烈。在操作时注意先将干燥剂加入待干燥的试剂，让其反应一定时间，反应平稳后可一起加热回流一段时间，再蒸馏得到充分干燥的试剂。剩余未反应的干燥剂要小心处理使其充分转化为不易燃的化合物，消除安全隐患。

在进行干燥精制时，还应特别注意干燥剂不能和待干燥试剂发生化学反应或催化作用，酸性干燥剂和碱性干燥剂的选用就要特别注意其可能与待干燥试剂发生化学反应或催化反应；氯化钙可与醇、酚、胺生成络合物，使用时也要注意。常用干燥剂的性能和应用范围总结在表 2-2 中。

表 2-2　常用干燥剂的性能和应用范围

干燥剂	吸水作用	干燥效能	干燥速度	应 用 范 围
氯化钙	$CaCl_2 \cdot nH_2O$ ($n=1,2,4,6$)	中等	开始较快,后期延长放置时间	卤代烃、醚、硝基化合物
硫酸镁	$MgSO_4 \cdot nH_2O$ ($n=1,2,4,5,6,7$)	较弱	较快	广泛
硫酸钠	$Na_2SO_4 \cdot 10H_2O$	弱	缓慢	广泛,常用于初步干燥
硫酸钙	$2CaSO_4 \cdot 10H_2O$	强	快	广泛,常与硫酸镁或硫酸钠配合使用作为后期干燥剂
碳酸钾	$K_2CO_3 \cdot 1/2H_2O$	较弱	慢	醇、酮、酯、胺和一些杂环碱性化合物
氢氧化钠	溶于水	中等	快	常用于干燥碱性气体
金属钠	反应生成 $NaOH$ 和 H_2	强	快	限于干燥醚类、烃类等其中的痕量水分
氧化钙	反应生成 $Ca(OH)_2$	强	较快	适于干燥低级醇、胺等
五氧化二磷	反应生成磷酸	强	快	适用于干燥醚、烃、卤代烃、腈中的痕量水分
分子筛	物理吸附	强	快	广泛
变色硅胶	物理吸附	强	快	用于干燥非强碱性气体,变色后经干燥可反复使用

2.2　配制标准溶液

在高分子化学实验中,尤其是一些缩聚反应,可以通过滴定的方法检测样品中的特征基团含量,从而确定反应程度,如醇酸树脂合成中酸值的测定;或是在得到聚合物后,用滴定的方法确定其一方面结构特征,如环氧值、醇解度、缩醛度的测定等。因此配制酸、碱标准溶液是进行高分子化学实验应掌握的基本操作。在高分子化学实验中所用到的有些标准溶液并非水溶液,比如滴定酸值所用的就是氢氧化钾的乙醇溶液,由于不易溶解,配制时需充分静置后滤去沉淀,再标定其浓度。

一般酸标准溶液的标定采用无水碳酸钠和硼砂作为基准物。用碳酸钠作基准物时,要先在 180℃ 下干燥 2~3h,置于干燥器内冷却,标定时用甲基橙作指示剂。用硼砂标定酸时,用甲基红作指示剂,硼砂的制备是在水中重结晶,50℃ 以下析出结晶,于 60%~70% 的湿度下干燥后密封保存,得到含结晶水的 ($Na_2B_4O_7 \cdot 10H_2O$) 基准物。

标定碱溶液常用邻苯二甲酸氢钾和草酸作为基准物。邻苯二甲酸氢钾不易吸水,在 100~125℃ 干燥 2h 后即可存入干燥器备用,干燥温度过高会引起脱水生成邻苯二甲酸酐。草酸是比较稳定的,不易失去结晶水,但光催化会使其自动分解,应于避光处妥善保存。碱溶液的标定多使用酚酞作为指示剂,表 2-3 示出了常用的酸碱指示剂。

表 2-3　常用指示剂

名称	pH 变化范围	颜　色		指示剂浓度(质量分数)
		酸色	碱色	
百里酚蓝(第一次变色)	1.2~2.8	红	黄	0.1%的 20%乙醇溶液
甲基黄	2.9~4.0	红	黄	0.1%的 20%乙醇溶液
甲基橙	3.1~4.4	红	黄	0.05%的水溶液
甲基红	4.4~6.2	红	黄	0.1%的 60%乙醇溶液
溴甲酚紫	5.2~6.8	黄	紫	0.1%的 20%乙醇溶液
酚红	6.7~8.4	黄	红	0.1%的 60%乙醇溶液
酚酞	8.0~9.6	无色	红	0.1%的 90%乙醇溶液
百里酚蓝(第二次变色)	8.0~9.6	黄	蓝	0.1%的 20%乙醇溶液
百里酚酞	9.4~10.6	无色	蓝	0.1%的 90%乙醇溶液

2.3　基本物理常数的测定

在高分子化学实验中经常会用到一些化合物的基本物理常数（物性），它们可以帮助我们确定反应温度、提纯方法以及分析实验结果等，具有非常重要的参考价值。很多化合物的基本物理常数在手册中都可以查到，但是进行实验之前常用测定物性的方法来判定反应原料的纯度。比如一般固体的纯度用测定熔点的方法，液体的纯度用测定折射率的方法。沸点一般较少用来鉴定某种液体化合物，因为它与外界压力密切相关，涉及加热实验，杂质对沸点的影响又没有规律性，而且在蒸馏纯化液体时就可以方便地测得液体的沸点。液体的密度也是一个基本的物理常数，在进行分离提纯、分子设计和分析实验结果的时候，液体的密度可能是一个很重要的指标。下面分别介绍它们的测定方法。

2.3.1　熔点

非常纯净的固体化合物具有固定的熔点，纯度较低的化合物和高聚物则具有熔程，即从开始熔解到全部熔解的温度区间。杂质一般会使熔点下降，还会使熔程变长。测量熔点的仪器可以用简单的提勒管，更方便的是使用熔点仪测定熔点，将微量待测固体放在两载玻片之间或毛细管中，再置于熔点仪的热台上，通电缓慢加热，从目镜上观测熔解情况，熔解时读出热台上温度计显示的温度即为熔点。测定熔点操作时要注意升温速度不能太快；否则熔解的瞬间很难及时读出温度。

2.3.2　密度

一般试剂和常见聚合物的密度在手册上都可以查到，但是自己合成的聚合物在需要确定其物性时就只能通过实验来测定其密度。一种较简便的密度测定仪器是比重瓶，它是由平底磨口玻璃瓶和毛细管组成。在测量液体密度时，先将空比重瓶在分析天平上称重 (m_0)，将待测液体加入至毛细管顶部，恒温一段时间，将毛细管处溢出的液体用滤纸擦去，再称量其质量 (m_1)，倒出瓶中液体，将比重瓶洗净，用同样方法称重水的质量 (m_h)，则可计算该液体的密度 ρ_1。

$$\rho_l = \frac{m_1 - m_0}{m_h - m_0}\rho_h$$

在测定固体密度时，一般也用水作参比，但固体必须与水不发生任何反应，不溶解也不溶胀，也可采用其他已知密度的液体作为参比。同上方法称取空瓶质量（m_0），加入约占瓶容积 1/5～1/3 的待测固体称重（m_2），再于瓶内加水至毛细管顶部，恒温称重（m_3），再通过加纯水的质量（m_h），则可计算固体的密度 ρ_s。

$$\rho_s = \frac{m_2 - m_0}{(m_h - m_0) - (m_3 - m_2)}\rho_h$$

在测量液体或固体密度时，应注意恒温前后都要检查瓶中或固体上是否吸附了气泡，加入液体时要尽量沿瓶壁加入，避免气泡的产生而影响测定结果。称重是测量密度时关键的操作，应尽量选择精确度高、误差较小的分析天平进行称量，可称重三次取平均值。

2.3.3　折射率

折射率的测定，最典型的仪器是阿贝折射仪。它的精度可以达到 0.0001，折射率的量程为 1.3000～1.7000，所需样品量极少（1～2 滴）。折射率的值与温度密切相关，一般文献上的折射率多为 20～30℃的测定值。在测量折射率之前，先要通过恒温水浴的循环水系统将阿贝折射仪恒温，同时调节反光镜使视野处于亮场，待温度恒定至所需温度时，将待测的液体滴至辅助棱镜上，立即旋上，转动消色散调节旋钮，使界限清晰，再转动棱镜调节旋钮，使界限刚好通过十字交叉点，读出此温度下的折射率。一般在测样品折射率前先测蒸馏水的折射率以进行仪器校正。

2.4　聚合反应温度的控制

高分子化学实验离不开温度的控制。自由基聚合采用热分解引发剂，聚合温度一般在 50℃以上；缩聚所需要的温度更高，熔融缩聚有时会控制在 200℃以上；离子型聚合一般都在低温进行，有时需要控制在零下十几度甚至更低。由此可见，实验中温度的控制是至关紧要的。一些高档的控温设备不仅可以达到精确控温、快速升降温，还可以实现计算机监控，实验室中常见的温度控制设备和方法有以下几种。

2.4.1　水浴

如果反应需控制温度在 0～100℃之间，那么采用水浴加热是一种较好的选择。水浴加热介质纯净，易清洗。水的比热容大，温度控制恒定。不过各种水浴加热设备的精度是不同的，一般的水浴控温精度在 ±(1～2)℃，超级恒温水浴可控制温度在 ±0.2℃，较大的水浴需要附加搅拌（机械搅拌或电磁搅拌）。水浴加热设备的缺点是降温较慢，且不宜控制，比较好的水浴配有冷却装置，降温时可通入冷却水或其他冷却介质，实现可控的降温。使用水浴长时间加热时还要注意及时补充蒸发掉的水分，也可以在水面铺一层薄薄的甘油或液体石蜡防止水蒸发太快。

2.4.2　油浴

100～250℃的温度控制就要选用油浴加热，油浴加热可控的温度范围取决于导热油的种类。常用的导热油含氢硅油、液体石蜡、泵油等。油浴的温度控制精度一般可达到±0.5℃，较好的控温都需要附加搅拌（机械搅拌或电磁搅拌）。油浴的降温也是比较困难的，需要降温时最快是将反应瓶取出，如果是先升温后降温的反应，就只能采用两套加热设备。使用油浴加热，装置不易清洗。长时间使用会发现导热油变得浑浊，黏度有所上升，还要及时更换导热油以免发生火灾。在使用油浴加热反应时，油浴锅的附近应避免放置易燃物和易燃试剂。

2.4.3　电热套

电加热是比较方便的一种加热设备，适用于室温至300℃之间的各种反应。电加热在使用中一个主要问题是控温不够精确，反应体系受热也容易不均匀。使用电加热应选择可调压（或可控温）的电热套，对于不可控温的电热套，可另加电子控温仪接在电热套上进行精确控温。目前市售的电热套有的可以显示电热套内壁的温度，有的外接一热电偶，可测定反应瓶内温度，这时就要注意在瓶内温度达到设定温度之前，电热套内壁可能温度很高，反应瓶切记不能靠在电热套的底部，以免受热不均，应与电热套保持一定的距离，利用空气浴加热。

2.4.4　自制加热装置

以上介绍的加热装置集成了加热、调压、控温、测温，甚至冷却的功能，在市场上也可以方便地买到。但当需要加热特殊的装置，或实验室不具备一定的条件时，就需要自己动手搭建加热控温设备。在自制加热装置时，首先要选择合适的容器，比如金属锅，加热乌式黏度计时则需用较大的玻璃缸以便观测；再选择合适的加热棒（确定功率大小），将加热棒的导线接在调压器上，使加热量可调；调压器的导线接入调制解调器，另将节点温度计（导电表）的导线也接入调制解调器，即可实现控温。加热容器中的一端是加热棒，另一端应是节点温度计和普通或精密温度计，此外应加上机械或电磁搅拌以使控温更准确（见图2-5）。自制的加热装置特别要注意安全问题，应在不通电的情况下进行接线，并且仔细检查导线和连接处的绝缘和接触情况，大功率的加热棒一定要使用相应较粗的导线，避免工作时过热而发生危险。

2.5　聚合反应的搅拌

化学实验离不开搅拌，尤其在高分子化学实验中，无论是溶液状态还是熔融状态，高分子化合物的高黏特性，使其在反应过程中传热和传质的均匀性难以保证，因此搅拌就显得尤为重要。搅拌不仅可以使反应组分混合均匀，还有利于体系的散热，避免发生局部过热而爆聚，实验室使用的搅拌方式通常为电磁搅拌和机械

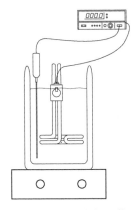

图 2-5　自制加热控温装置

搅拌。

2.5.1　电磁搅拌器

　　电磁搅拌器是由磁场的变化使容器中磁子发生转动，从而起到搅拌的效果。磁子内核是磁铁，外部包裹着聚四氟乙烯，防止磁铁被腐蚀、氧化和污染反应体系。磁子的外形有多种，例如棒状、锥状和椭球状，各种形状还有大小的区别，依照形状和大小可以选择适用的各种容器（平底容器或圆底容器）。电磁搅拌通常可以调节磁力搅拌器的搅拌速度，有的电磁搅拌同时配有加热装置，可以在搅拌的同时进行电加热。在没有加热装置的电磁搅拌上，也可以自制加热控温装置，包括加热容器（平底宽口玻璃容器或平底铁锅）、加热棒、温度计和节点温度计，加热介质可根据情况选择水浴或油浴。

2.5.2　机械搅拌器

　　当反应体系的黏度较大时，例如制备黏合剂，或当反应体系量较多时，电磁搅拌器无法带动磁子转动，达到搅拌均匀的目的。这时就需要使用机械搅拌器。在进行乳液聚合和悬浮聚合时，需要强力搅拌使单体相在分散介质中分散成微小液滴，也离不开机械搅拌。

　　机械搅拌器由马达、搅拌器和控速部分组成。其中搅拌棒有很多种形状，如锚式搅拌棒，常用于反应釜，工业生产中采用的锚式搅拌还设计了多维立体的各类形状，以提高搅拌效果；活动叶片式搅拌棒是实验室中常用的搅拌棒，它可以方便地放入反应瓶中，搅拌时由于离心作用，叶片自动处于水平状态。这种搅拌棒有玻璃和不锈钢两种材质的，玻璃搅拌棒适用范围广，但易折断和损坏；不锈钢搅拌棒不易受损，但是不适用于强酸、强碱体系；改进的外包聚四氟乙烯的金属搅拌棒经久耐用，方便易清洗，这种搅拌棒多是做成叶片可活动的锚式搅拌棒，搅拌力度大，混合效果好，但一些需要搅拌极其平稳的反应还应尽量选择玻璃搅拌棒。

　　在搅拌马达和搅拌棒连接处可以采用两种连接方式。一种是使用配套的金属连接头，这种连接头一般不适用玻璃搅拌棒，连接时将连接头下部的螺栓旋紧即可；另一种是用橡胶管连接，可以连接各种搅拌棒，有的搅拌棒过细，还需要在橡胶管上固定铁丝等紧固件，这种连接的好处是在搭反应装置时不会由于不完全垂直而产生应力，致使搅拌棒折断。搅拌棒放入反应瓶中也需要连接和密封件，位于反应器的瓶口处，称为搅拌套管。它的类型也有多种，实验室常用的搅拌套管有磨口玻璃的搅拌套管、自制橡胶塞搅拌套管和聚四氟乙烯搅拌套管，在需要严格密封的场合还可以使用带液封的玻璃搅拌套管，或自制套管以提高密封效果，例如在搅拌套管上加一段较长的与搅拌棒紧配的真空橡胶管，使搅拌棒刚好插入，并用少量凡士林等润滑；打好孔的橡胶塞（作为搅拌套管）上也可加一段真空橡胶管，中间用短玻璃管连接，必要时加些润滑剂。聚四氟乙烯的搅拌套管密封效果一般不是很好，可用于密封条件要求不高的场合，实验中也可在搅拌棒与搅拌套管的衔接位置上缠一些生料带以提高密封性。

　　机械搅拌器一般配有调速装置，没有调速装置的也可自配调压器，较好的搅拌器可以准确显示搅拌速度。普通搅拌器真实的转速往往由于电压的不稳定而难以确定，或由于体系中的一些阻力而出现时快时慢的现象，这时可用市售的光电转速计来测定，只需将一小块反光铝箔粘在搅拌棒上，将光电转速计对准铝箔平行位置，通过发射红外线测速，并可直接从转速计显示屏上读数。

　　在安装搅拌装置时，要按照自下而上的原则，确保搅拌垂直、平稳。首先把反应瓶放入加热浴中较合适的位置并固定，在反应瓶上加装搅拌套管和搅拌棒，再将搅拌棒与马达连接好，此时需要调整马达的转轴与搅拌棒对正垂直，搅拌棒自上而下地水平垂直，可从整个装置的各个角度观察水平和垂直情况，确保搅拌平稳。此后可以开动搅拌器，检查搅拌棒在反应瓶中的搅拌情况，及时调整到最佳位置和效果。在进行高分子化学实验时，还要特别注意由于高分子反应体系的高黏特性和分散特点，需要将搅拌叶尽量靠近反应瓶瓶底，以达到最佳的搅拌效果。搅拌装置安装好后再于反应瓶的其他瓶口加装其他玻璃仪器，如冷凝管和温度计等，装入温度计和氮气导管时，应该关闭搅拌，仔细观察温度计和氮气导管是否与搅拌棒有接触，再调节它们的高度。最后重新检查和调节搅拌装置的水平和垂直情况，将搅拌器开到低挡，检查搅拌棒是否可以平稳转动。

2.5.3　其他分散设备

　　除了高分子化学实验室最常用的电磁搅拌和机械搅拌设备以外，在进行强力分散、乳化等实验时，会用到一些特殊分散设备。例如具有高速剪切功能的高速乳化机、具有一定分散效果的超声波清洗机和具有较强分散效果的超声波细胞破碎机等。这些设备的使用比较简单，选择适当的功率和转速即可。带探头的设备一般是放入容器中直接分散乳化，应注意防止被分散液外溅，以及高速分散或超声波产生的热量是否会引起被分散液发生变化（例如发生聚合反应）。超声波清洗机是在容器外部通过介质（通常是水）进行超声分散的，很多超声波清洗机还带有加热装置，可以同时作为水浴使用。

2.6　高分子化学实验中的常用装置简介

　　绝大多数的自由基聚合和高分子反应实验使用普通的实验装置就可以实现，通常包括搅拌、回流冷凝、加热、连续加料和通入惰性气体等操作，因此选择的反应瓶多为三口瓶或四口瓶，图 2-6 为典型的有加热、冷凝、连续加料、机械搅拌和通气的实验装置图。如果采用电磁搅拌，冷凝管可置于三口瓶的中间口；如果还需要同时进行更多操作，可以使用 Y 形管增加瓶口数量；要是多种物料同时加入时，还可在瓶口使用橡胶翻口塞，用针管加料或通气。在实际的实验操作中，还可以根据具体情况对实验装置进行改进。

　　但是，有些聚合反应需要使用到其他的实验手段，如减压、除水除氧、封管聚合等。

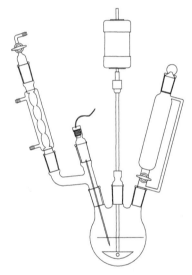

图 2-6　典型的聚合反应装置图

2.6.1　聚合反应中的动态减压

　　在缩聚反应过程中，不可缺少的步骤是从高黏度的聚合体系中将小分子产物排除，使反应平衡向聚合方向移动，提高缩聚反应程度和相对分子质量，尤其是在反应后期，反应程度的提高更加困难，往往需要进行减压操作。在黏度大、温度高的体系进行减压到较高的真空度，就需要采取以下措施。

　　（1）保持一定强度的搅拌，使反应均匀且反应中产生的小分子产物容易排出。

　　（2）为了防止反应体系中物质的高温氧化，缩聚反应可以在惰性气体保护下进行或从反应开始就在真空条件下进行，有些缩聚反应为了防止单体的损失，减压操作一般在反应后期进行。

（3）无论何时进行减压操作，都要注意体系的密闭性，搅拌套管和活塞等处要严格密封，特别是要通过收集小分子产物计算反应程度就更应该注意这一点。

典型的减压缩聚反应实验装置如图 2-7 所示。

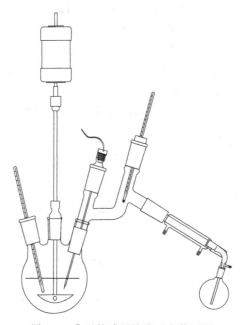

图 2-7　典型的减压缩聚反应装置图

2.6.2　封管聚合

封管聚合是一种研究用的特殊的聚合方法，一般投料量较少，可以通过抽真空和通惰气的手段将聚合反应密闭于较纯净的空间进行，通常是减压之后进行烧融密封。封管聚合在研究聚合反应动力学方面有一定优势，设计多个封管在平行的条件下进行聚合，可以方便地定时取出进行相关测定。较少的单体置于封管中反应，放热量也相应较少，不会因密闭高压而产生危险，不过在确定封管聚合温度的时候还是要考虑反应的放热和气体产生情况。由于封管聚合是在密闭体系中进行，因此不适用于平衡常数低的熔融缩聚反应，但尼龙-6 的合成以及许多自由基聚合反应可采用封管聚合的手段。

常见的封管由普通硬质玻璃管制成，一部分事先拉成细颈，有利于聚合时在此处烧融密封。细颈处也可改装为带活塞的三通，可方便地进行聚合前的通惰气和减压操作。但是有细颈的封管在加料时比较麻烦，需要借助细颈漏斗。

2.6.3　双排管除氧除水系统

高分子化学实验中的开环聚合、活性聚合以及设计合成规整结构分子链的聚合反应都需要严格的无水无氧或高真空条件，这些聚合反应可以设计和制作不同的实验装置来进行，其中双排管除氧除水系统因方便、灵活而被广泛使用。双排管除氧除水系统的主体为两根玻璃管固定在铁架台上。它们分别与通气系统和真空系统相通，两者之间则是通过多个三通活塞相连。三通活塞的另外一个接口连接到反应瓶上，平时分别用一洁净干燥的烧瓶和一截弯曲的玻璃棒封闭出口。调节三通活塞的位置，可以使反应瓶处在动态减压、动态充气和压力恒定的状态。反应瓶可以设计成不同形状，如球形和圆柱形。反应瓶一般有两个接口，一个与双排管反应系统相连，可为磨口，也可以用真空橡胶管连接；另一个则是反应原料入口，可用翻口橡皮塞和三通活塞密封，物料可采取注射器法和内转移法加入。

以上这些反应条件苛刻的聚合过程，一般都会使用许多对空气、湿气等非常敏感的引发剂，如某些离子聚合的引发剂。这些化学试剂的量取和转移需要采取特殊的措施，以下列举说明。

（1）碱金属（锂、钠和钾）。活泼金属多作为干燥剂进行除水实验，也是离子型聚合中常用引发剂的制备原料。由于活性太高且储存时表面都粘有石蜡油或煤油，在实验中一般只是粗称。取一洁净的烧杯，盛放适量的甲苯或石油醚，将粗称量的碱金属放入溶剂中。借助镊子和小刀，将金属表面的氧化层刮去，再次快速称量并转移到反应器中。

（2）离子聚合的引发剂。刚刚制备好的引发剂应快速转移到干燥的试剂瓶中，密封保存在棕色干燥器中。使用时少量液体引发剂可借助干燥的注射器加入，固体引发剂可事先溶解于适当溶剂中再加入，如图 2-8 所示，较多量的引发剂可采用内转移法，如图 2-9 所示。

图 2-8　注射器法

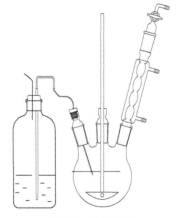

图 2-9　内转移法

（3）无水溶剂。绝对无水的溶剂最好采用内转移法进行，一根双尖中空的弹性钢针，经橡皮塞将储存溶剂容器 A 和反应器 B 连接在一起，容器 A 另有一出口与氮气管道相通，通氮时的压力即可将定量溶剂压入反应容器 B 中。溶剂加入完毕，将针头抽出。

2.6.4　气体的通入

在高分子化学实验中，常常利用惰性气体排除空气，对聚合体系起到保护作用。例如阴离子聚合体系如果接触到空气，就会与氧气、二氧化碳和水汽反应而使聚合终止；空气中的氧气可能对自由基聚合有一定的阻聚作用。常用的保护气体为氮气和氩气等惰性气体，它们分别储存在压力钢瓶中。

使用的场合不同，对惰性气体的纯度要求也不一样。自由基聚合中使用普通氮气即可，对于阴离子聚合，则需要使用纯度为 99.99% 的高纯氮气和高纯氩气。有时为了保证聚合的顺利进行，在气体进入反应系统之前，还可以通过减压蒸馏时使用的气体净化干燥塔，进一步除去气体的水汽、氧气等极少量影响反应的气体。氮气中少量的氧气可使用不同的除氧剂去除，如固体的还原铜和富氧分子筛，在常压下即可使用。液体除氧剂有铜氨溶液、连二亚硫酸钠碱性溶液等，使用时放在如图 2-10 所示的简单气体干燥装置中。液体干燥剂（浓硫酸）置于中间的洗气瓶中，两边的洗气瓶起到防止液体倒吸的作用。

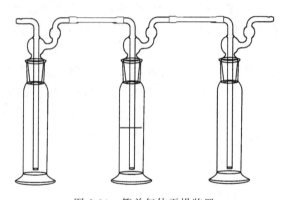

图 2-10　简单气体干燥装置

气体通入反应装置之前可以经过一个缓冲瓶，用抽滤瓶制作即可。这样可以避免气体导管置于反应液液面以下时，发生的液体倒吸。观察计泡器，可以了解气流的大小，它的内部装有挥发性小的液体（液体石蜡、硅油和植物油），因此还可以起到液封的作用，使体系与外界隔开。有时在进行一般实验中观察气流大小，可以在反应装置后部出口接一导管，通入水中计泡即可。

第3章 聚合方法

3.1 概述

与无机、有机合成不同，聚合物合成除了要研究反应机理外，还存在一个聚合方法问题，即完成一个聚合反应所采用的方法。从聚合物的合成看，第一步是化学合成路线的研究，主要是聚合反应机理、反应条件（如引发剂、溶剂、温度、压力、反应时间等）的研究；第二步是聚合工艺条件的研究，主要是聚合方法、原料精制、产物分离及后处理等研究。聚合方法的研究虽然与聚合反应工程密切相关，但与聚合反应机理亦有很大关联。

聚合方法是为完成聚合反应而确立的，聚合机理不同，所采用的聚合方法也不同。连锁聚合采用的聚合方法主要有本体聚合、悬浮聚合、溶液聚合和乳液聚合，进一步看，由于自由基相对稳定，因而自由基聚合可以采用上述四种聚合方法；离子型聚合则由于活性中心对杂质的敏感性而多采用溶液聚合或本体聚合。逐步聚合采用的聚合方法主要有熔融缩聚、溶液缩聚、界面缩聚和固相缩聚。

反应机理相同而聚合方法不同时，体系的聚合反应动力学、自动加速效应、链转移反应等往往有不同的表现，因此单体和聚合反应机理相同但采用不同聚合方法所得产物的分子结构、相对分子质量、相对分子质量分布等往往会有很大差别。为满足不同的制品性能，工业上一种单体采用多种聚合方法十分常见。如同样是苯乙烯自由基聚合（相对分子质量100000～400000，相对分子质量分布2～4），用于挤塑或注塑成型的通用型聚苯乙烯（GPS）多采用本体聚合，可发型聚苯乙烯（EPS）主要采用悬浮聚合，而高抗冲聚苯乙烯（HIPS）则采用溶液聚合-本体聚合联用。聚合体系和实施方法示例见表3-1。

表 3-1 聚合体系和实施方法示例

单体-介质体系	聚合方法	聚合物-单体(或溶剂)体系	
		均相聚合	沉淀聚合
均相体系	本体聚合 气态 液态 固态	乙烯高压聚合 苯乙烯、丙烯酸酯类 —	— 氯乙烯、丙烯腈 丙烯酰胺
	溶液聚合	苯乙烯-苯 丙烯酸-水 丙烯腈-二甲基甲酰胺	苯乙烯-甲醇 丙烯酸-己烷 丙烯腈-水

续表

单体-介质体系	聚合方法	聚合物-单体（或溶剂）体系	
		均相聚合	沉淀聚合
非均相体系	悬浮聚合	苯乙烯 甲基丙烯酸甲酯	氯乙烯 —
	乳液聚合	苯乙烯、丁二烯	氯乙烯

聚合方法本身没有严格的分类标准，它是以体系自身的特征为基础确立的，相互间既有共性又有个性，从不同的角度出发可以有不同的划分。上面所介绍的聚合方法种类，主要是以体系组成为基础划分的。如以最常用的相溶性为标准，则本体聚合、溶液聚合、熔融缩聚和溶液缩聚可归为均相聚合；悬浮聚合、乳液聚合、界面缩聚和固相缩聚可归为非均相聚合。但从单体-聚合物的角度看，上述划分并不严格。如聚氯乙烯不溶于氯乙烯，则氯乙烯不论是本体聚合还是溶液聚合都是非均相聚合；苯乙烯是聚苯乙烯的良溶剂，则苯乙烯不论是悬浮聚合还是乳液聚合都为均相聚合；而乙烯、丙烯在短类溶剂中进行配位聚合时，聚乙烯、聚丙烯将从溶液中沉析出来成悬浮液，这种聚合称为溶液沉淀聚合或淤浆聚合。如果再进一步，则需要考虑引发剂、单体、聚合物、反应介质等诸多因素间的互溶性，这样问题会更复杂。

3.2 本体聚合

不加其他介质，单体在引发剂或催化剂或热、光、辐射等其他引发方法作用下进行的聚合称为本体聚合。对于热引发、光引发或高能辐射引发，则体系仅由单体组成。

引发剂或催化剂的选用除了从聚合反应本身需要考虑外，还要求与单体有良好的相溶性。由于多数单体是油溶性的，因此多选用油溶性引发剂。此外，根据需要再加入其他试剂，如相对分子质量调节剂、润滑剂等。

本体聚合的最大优点是体系组成简单，因而产物纯净，特别适用于生产板材、型材等透明制品。反应产物可直接加工成型或挤出造粒，由于不需要产物与介质分离及介质回收等后续处理工艺操作，因而聚合装置及工艺流程相应也比其他聚合方法要简单，生产成本低。各种聚合反应几乎都可以采用本体聚合，如自由基聚合、离子型聚合、配位聚合等。缩聚反应也可采用，如固相缩聚、熔融缩聚一般都属于本体聚合。气态、液态和固态单体均可进行本体聚合，其中液态单体的本体聚合最为重要。

本体聚合的最大不足是反应热不易排除。转化率提高后，体系黏度增大，出现自动加速效应，体系容易出现局部过热，使副反应加剧，导致相对分子质量分布变宽、支化度加大、局部交联等；严重时会导致聚合反应失控，引起爆聚。因此控制聚合热和及时地散热是本体聚合中一个重要的、必须解决的工艺问题。由于这一缺点本体聚合的工业应用受到一定的限制，不如悬浮聚合和乳液聚合应用广泛。本体聚合工业生产实例见表 3-2。

表 3-2 本体聚合工业生产实例

聚合物	引发剂	工艺过程	产品特点与用途
聚甲基丙烯酸甲酯	BPO 或 AIBN	第一段预聚到转化率 10% 左右的黏稠浆液，浇模升温聚合，高温后处理，脱模成材	光学性能优于无机玻璃，可用作航空玻璃、光导纤维、标牌等
聚苯乙烯	BPO 或热引发	第一段于 80~90℃ 预聚到转化率 30%~35%，流入聚合塔，温度由 160℃ 递增至 225℃ 聚合，最后熔体挤出造粒	电绝缘性好、透明、易染色、易加工。多用于家电与仪表外壳、光学零件、生活日用品等
聚氯乙烯	过氧化乙酰基磺酸	第一段预聚到转化率 7%~11%，形成颗粒骨架，第二阶段继续沉淀聚合，最后以粉状出料	具有悬浮树脂的疏松特性，且无皮膜、较纯净
高压聚乙烯	微量氧	管式反应器，180~200℃、150~200MPa 连续聚合，转化率 15%~30% 熔体挤出出料	分子链上带有多个小支链，密度低（LDPE），结晶度低，适于制薄膜
聚丙烯	高效载体配位催化剂	催化剂与单体进行预聚，再进入环式反应器与液态丙烯聚合，转化率 40% 出料	比淤浆法投资少 40%~50%

3.3 溶液聚合

单体和引发剂或催化剂溶于适当的溶剂中的聚合反应称为溶液聚合。溶液聚合体系主要由单体、引发剂或催化剂和溶剂组成。

引发剂或催化剂的选择与本体聚合要求相同。由于体系中有溶剂存在，因此要同时考虑在单体和溶剂中的溶解性。

溶液聚合中溶剂的选择主要考虑以下几方面：溶解性，包括对引发剂、单体、聚合物的溶解性；活性，即尽可能地不产生副反应及其他不良影响，如反应速率、微观结构等；此外，还应考虑的方面有易于回收、便于再精制、无毒、易得、价廉、便于运输和储藏等。

溶液聚合为一均相聚合体系，与本体聚合相比最大的好处是溶剂的加入有利于导出聚合热，同时利于降低体系黏度，减弱凝胶效应，在涂料、黏合剂等领域应用时聚合液可直接使用而无需分离。

溶液聚合的不足是加入溶剂后容易引起诸如诱导分解、链转移之类的副反应；

同时溶剂的回收、精制增加了设备及成本，并加大了工艺控制难度。另外，溶剂的加入一方面降低了单体及引发剂的浓度，致使溶液聚合的反应速率比本体聚合要低；另一方面降低了反应装置的利用率。因此，提高单体浓度是溶液聚合的一个重要研究领域。溶液聚合工业生产实例见表3-3。

表 3-3 溶液聚合工业生产实例

单体	引发剂或催化剂	溶 剂	聚合机理	产物特点与用途
丙烯腈	AIBN 氧化-还原体系	硫氢化钠水溶液 水	自由基聚合 自由基聚合	纺丝液 配制纺丝液
醋酸乙烯酯	AIBN	甲醇	自由基聚合	制备聚乙烯醇、维纶的原料
丙烯酸酯类	BPO	芳烃	自由基聚合	涂料、黏合剂
丁二烯	配位催化剂 BuLi	正己烷 环己烷	配位聚合 阴离子聚合	顺丁橡胶 低顺式聚丁二烯
异丁烯	BF_3	异丁烷	阳离子聚合	相对分子质量低。用于黏合剂、密封材料

3.4 悬浮聚合

单体以小液滴状悬浮在分散介质中的聚合反应称为悬浮聚合。体系主要由单体、引发剂、悬浮剂和分散介质组成。

单体为油溶性单体，要求在水中有尽可能小的溶解性。引发剂为油溶性引发剂，选择原则与本体聚合相同。分散介质为水，为避免副反应，一般用无离子水。悬浮剂的种类不同，作用机理也不相同。水溶性有机高分子为两亲性结构，亲油的大分子链吸附于单体液滴表面，分子链上的亲水基团靠向水相，这样在单体液滴表面形成了一层保护膜，起着保护液滴的作用。此外，聚乙烯醇、明胶等还有降低表面张力的作用，使液滴更小。非水溶性无机粉末主要是吸附于液滴表面，起一种机械隔离作用。悬浮剂种类和用量的确定随聚合物的种类和颗粒要求而定。除颗粒大小和形状外，尚需考虑产物的透明性和成膜性能等。

在正常的悬浮聚合体系中，单体和引发剂为一相，分散介质水为另一相。在搅拌和悬浮剂的保护作用下，单体和引发剂以小液滴的形式分散于水中。当达到反应温度后，引发剂分解，聚合开始。从相态上可以判断出聚合反应发生于单体液滴内。这时，对于每一个单体小液滴来说，相当于一个小的本体聚合体系，保持有本体聚合的基本优点。由于单体小液滴外部是大量的水，因而液滴内的反应热可以迅速地导出，进而克服了本体聚合反应热不易排出的缺点。

悬浮聚合的不足是体系组成复杂，导致产物纯度下降。另一方面，聚合后期随转化率提高，体系内小液滴变黏，为防止粒子结块，对悬浮剂种类、用量、搅拌桨形式、转速等均有较高要求。悬浮聚合工业生产实例见表3-4。

表 3-4　悬浮聚合工业生产实例

单体	引发剂	悬浮剂	分散介质	产物用途
氯乙烯	过碳酸酯-过氧化二月桂酰	羟丙基纤维素-部分水解 PVA	无离子水	各种型材、电绝缘材料、薄膜
苯乙烯	BPO	PVA	无离子水	珠状产品
甲基丙烯酸甲酯	BPO	碱式碳酸镁	无离子水	珠状产品
丙烯酰胺	过硫酸钾	Span-60	庚烷	水处理剂

3.5　乳液聚合

单体在水介质中，由乳化剂分散成乳液状态进行的聚合称为乳液聚合。体系主要由单体、引发剂、乳化剂和分散介质组成。

单体为油溶性单体，一般不溶于水或微溶于水。引发剂为水溶性引发剂，对于氧化-还原引发体系，允许引发体系中某一组分为水溶性。分散介质为无离子水，以避免水中的各种杂质干扰引发剂和乳化剂的正常作用。

乳化剂是决定乳液聚合成败的关键组分。乳化剂分子是由非极性的烃基和极性基团两部分组成。根据极性基团的性质可将乳化剂分为阴离子型、阳离子型、两性型和非离子型几类。

除了以上主要组分，根据需要有时还加入一些其他组分，如第二还原剂、pH调节剂、相对分子质量调节剂、抗冻剂等。

乳液聚合的一个显著特点是引发剂与单体处于两相，引发剂分解形成的活性中心只有扩散进增溶胶束才能进行聚合，通过控制这种扩散，可增加乳胶粒中活性中心寿命，因而可得到高相对分子质量聚合物，通过调节乳胶粒数量，可调节聚合反应速率。与上述几种聚合方法相比，乳液聚合可同时提高相对分子质量和聚合反应速率，因而适宜一些需要高相对分子质量的聚合物合成，如第一大品种合成橡胶（丁苯橡胶）即是采用的乳液聚合。对一些直接使用乳液的聚合物，也可采用乳液聚合。与悬浮聚合相比，由于乳化剂的作用强于悬浮剂，因而体系稳定。

乳液聚合的不足是聚合体系及后处理工艺复杂。

3.6　熔融缩聚

在单体、聚合物和少量催化剂熔点以上（一般高于熔点 $10\sim25℃$）进行的缩聚反应称为熔融缩聚。熔融缩聚为均相反应，符合缩聚反应的一般特点，也是应用十分广泛的聚合方法。

熔融缩聚的反应温度一般在 $200℃$ 以上。对于室温反应速率小的缩聚反应，提高反应温度有利于加快反应，但即使提高温度，熔融缩聚反应一般也需数小时。对于平衡缩聚，温度高有利于排出反应过程中产生的小分子，使缩聚反应向正向发展，尤其在反应后期，常在高真空下进行或采用薄层缩聚法。由于反应温度高，在缩聚反应中经常发生各种副反应，如环化反应、裂解反应、氧化降解、脱羧反应等。因此，在缩聚反应体系中通常需加入抗氧剂且反应在惰性气体（如氮气）保护下进行。由于熔融缩聚的反应温度一般不超过 300℃，因此制备高熔点的耐高温聚合物需采用其他方法。

熔融缩聚可采用间歇法，也可采用连续法。工业上合成涤纶，酯交换法合成聚碳酸酯、聚酰胺等，采用的都是熔融缩聚。

3.7 溶液缩聚

单体、催化剂在溶剂中进行的缩聚反应称为溶液缩聚。根据反应温度，可分为高温溶液缩聚和低温溶液缩聚，反应温度在 100℃ 以下的称为低温溶液缩聚。由于反应温度低，一般要求单体有较高的反应活性。从相态上看，如产物溶于溶剂，为真正的均相反应；如不溶于溶剂，产物在聚合过程中由体系中自动析出，则是非均相过程。

溶液缩聚中溶剂的作用十分重要，一是有利于热交换，避免了局部过热现象，比熔融缩聚反应缓和、平稳；二是对于平衡反应，溶剂的存在有利于除去小分子，不需真空系统，另外对于与溶剂不互溶的小分子，可以将其有效地排除在缩聚反应体系之外。如聚酰胺副产物为水，可选用与水亲和性小的溶剂，当小分子与溶剂可形成共沸物时，可以很方便地将其夹带出体系。如在聚酯反应中，溶剂甲苯可与副产物水形成水含量 20%、沸点为 81.4℃ 的共沸物，这种反应有时称为恒沸缩聚。而当小分子沸点较低时，可选用高沸点溶剂，使小分子在反应过程中不断蒸发；三是对于不平衡缩聚反应，溶剂有时可起小分子接受体的作用，阻止小分子参与的副反应发生，如二元胺和二元酰氯的反应，选用碱性强的二甲基乙酰胺或吡啶为溶剂，可与副产物 HCl 很好地结合，阻止 HCl 与氨基生成非活性产物；四是起缩合剂作用，如合成聚苯并咪唑时，多聚磷酸既是溶剂又是缩合剂。

与溶液聚合相同，溶液缩聚时溶剂的选择很重要，需注意以下几方面。一是溶解性，尽可能地使体系为均相反应，例如对二苯甲烷-4,4-二异氰酸酯与乙二醇的溶液缩聚反应，如以与聚合物不溶的二甲苯或氯苯为溶剂，聚合物会过早地析出，产物为低聚物；如用与单体和聚合物都可溶的二甲亚砜为溶剂，产物为高相对分子质量聚合物。二是极性，由于缩聚反应单体的极性较大，多数情况下增加溶剂极性有利于提高反应速率，增加产物相对分子质量。三是溶剂化作用，如溶剂与产物生成稳定的溶剂化产物，会使反应活化能升高，降低反应速率；如与离子型中间体形成稳定溶剂化产物，则可降低反应活化能，提高反应速率。四是副反应，溶剂的引入往往会产生一些副反应，在选择溶剂时要格外注意。

溶液缩聚的不足在于溶剂的回收增加了成本，使工艺控制复杂，且存在三废问题。溶液缩聚在工业上应用规模仅次于熔融缩聚，许多性能优良的工程塑料都是采用溶液缩聚法合成的，如聚芳酰亚胺、聚砜、聚苯醚等。对于一些直接使用溶液的产物，如涂料等也采用溶液缩聚。

3.8　界面缩聚

单体处于不同的相态中，在相界面处发生的缩聚反应称界面缩聚。界面缩聚为非均相体系，从相态看可分为液-液和气-液界面缩聚；从操作工艺看可分为不进行搅拌的静态界面缩聚和进行搅拌的动态界面缩聚。

界面缩聚的特点：一是为复相反应，如实验室用界面缩聚法合成聚酰胺是将己二胺溶于碱水中（以中和掉反应中生成的 HCl），将癸二酰氯溶于氯仿，然后加入烧杯中，在两相界面处发生聚酰胺化反应，产物成膜，不断将膜拉出，新的聚合物可在界面处不断生成，并可抽成丝；二是反应温度低，由于只在两相的交接处发生反应，因此要求单体有高的反应活性，能及时除去小分子，反应温度也可低一些（0~50℃），一般为不可逆缩聚，所以无需抽真空以除去小分子；三是反应速率为扩散控制过程，由于单体反应活性高，因此反应速率主要取决于反应区间的单体浓度，即不同相态中单体向两相界面处的扩散速率，为解决这一问题，在许多界面缩聚体系中加入相转移催化剂，可使水相（甚至固相）的反应物顺利地转入有机相，从而促进两分子间的反应，常用的相转移催化剂主要有盐类如季铵盐、大环醚类如冠醚和穴醚、高分子催化剂三类；四是相对分子质量对配料比敏感性小，由于界面缩聚是非均相反应，对产物相对分子质量起影响的是反应区域中两单体的配比，而不是整个两相中的单体浓度，因此要获得高产率和高相对分子质量的聚合物，两种单体的最佳摩尔比并不总是 1:1。

界面缩聚已广泛用于实验室及小规模合成聚酰胺、聚砜、含磷缩聚物和其他耐高温缩聚物。由于活性高的单体如二元酰氯合成的成本高，反应中需使用和回收大量的溶剂及设备体积庞大等不足，界面缩聚在工业上还未普遍采用。但由于它具备了以上几个优点，恰好弥补了熔融缩聚的不足，因而是一种很有前途的方法。

3.9　固相缩聚

在原料（单体及聚合物）熔点或软化点以下进行的缩聚反应称固相缩聚，由于不一定是晶相，因此有的文献中称固态缩聚。

固相缩聚大致分为三种：反应温度在单体熔点之下，这时无论单体还是反应生成的聚合物均为固体，因而是"真正"的固相缩聚；反应温度在单体熔点以上，但在缩聚产物熔点以下，反应分两步进行，先是单体以熔融缩聚或溶液缩聚的方式形成预聚物，然后在固态预聚物熔点或软化点之下进行固相缩聚；体形缩聚反应和环化缩聚反应，这两类反应在反应程度较深时，进一步的反应实际上是在固态进行的。

固相缩聚的主要特点为：反应速率低，表观活化能大，往往需要几十小时反应才能完成；由于为非均相反应，因此是一个扩散控制过程；一般有明显的自催化作用。固相缩聚是在固相化学反应的基础上发展起来的。它可制得高相对分子质量、高纯度的聚合物，特别是在制备高熔点缩聚物、无机缩聚物及熔点以上容易分解的单体的缩聚（无法采用熔融缩聚）有着其他方法无法比拟的优点。如用熔融缩聚法合成的涤纶，相对分子质量较低，通常只用作衣料纤维，而固相缩聚法合成的涤纶，相对分子质量要高得多，可用作帘子和工程塑料。固相缩聚尚处于研究阶段，目前已引起人们的关注。

3.10　聚合方法的选择

一种聚合物可以通过几种不同的聚合方法进行合成，聚合方法的选择主要取决于要合成聚合物的性质和形态、相对分子质量和相对分子质量分布等。现在实验及生产技术已发展到可以用几种不同的聚合方法合成出同样的产品，这时产品质量好、设备投资少、生产成本低、三废污染小的聚合方法将得到优先发展。在表 3-5、表 3-6 中对前面介绍过的几种聚合方法做一小结。

表 3-5　各种链式聚合方法的比较

特征	本体聚合	溶液聚合	悬浮聚合	乳液聚合
配方主要成分	单体、引发剂	单体、引发剂、溶剂	单体、引发剂、水分散剂	单体、引发剂、水、乳化剂
聚合场所	本体内	溶液内	单体液滴内	乳胶粒内
聚合机理	遵循自由基聚合一般机理，提高速率往往使相对分子质量降低	伴随有向溶剂的链转移反应，一般相对分子质量及反应速率较低	遵循自由基聚合一般机理，提高速率往往使相对分子质量降低	能同时提高聚合速率和相对分子质量
生产特征	反应热不易排出，间歇生产或连续生产，设备简单，宜制板材和型材	散热容易，可连续生产，不易干燥粉状或粒状树脂	散热容易，间歇生产，需有分离、洗涤、干燥等工序	散热容易，可连续生产，制成固体树脂时需经凝聚、洗涤、干燥
产物特征	聚合物纯净，宜于生产透明浅色制品，相对分子质量分布较宽	聚合液可直接使用	比较纯净，可能留有少量分散剂	留有少量乳化剂和其他助剂

表 3-6 各种缩聚实施方法比较

特点	熔融缩聚	溶液缩聚	界面缩聚	固相缩聚
优点	生产工艺过程简单,生产成本较低。可连续生产。设备的生产能力高	溶剂可降低反应温度,避免单体和聚合物分解。反应平稳易控制,与小分子共沸或反应而脱除。聚合物溶液可直接使用	反应条件温和,反应不可逆,对单体配比要求不严格	反应温度低于熔融缩聚温度,反应条件温和
缺点	反应温度高,单体配比要求严格,要求单体和聚合物在反应温度下不分解。反应物料黏度高,小分子不易脱除。局部过热会有副反应,对设备密封性要求高	增加聚合物分离、精制、溶剂回收等工序,加大成本且有三废。生产高相对分子质量产品需将溶剂脱除后进行熔融缩聚	必须用高活性单体,如酰氯,需要大量溶剂,产品不易精制	原料需充分混合,要求有一定细度,反应速率低,小分子不易扩散脱除
适用范围	广泛用于大品种缩聚物,如聚酯、聚酰胺	适用于聚合物反应后单体或聚合物易分离的产品。如芳香族、芳杂环聚合物等	芳香族酰氯生产芳酰胺等特种性能聚合物	更高相对分子质量缩聚物、难溶芳族聚合物合成

第4章 高分子合成常用原料的制备和精制

4.1 常用单体、助剂、溶剂的制备和精制

在高分子合成实验中，对参与反应的单体、引发剂及其他各种助剂的纯度有较严格的要求。未经处理的单体和助剂的纯度通常不能直接进行聚合反应，如果参与反应的单体、助剂纯度含有一定的杂质或水分，会严重影响聚合反应的正常进行，有时即使微量的杂质存在也会对聚合反应产生明显的影响，在阴离子聚合中，对杂质尤其敏感，轻者聚合反应不完全，重者难以引发聚合甚至完全不反应。

因此，在高分子合成中，要求单体和助剂的纯度必须达到聚合级，就是要求单体能够达到聚合反应必需的纯度。通常要求反应单体的纯度应达到99％以上，否则聚合反应难以进行或者反应程度达不到要求，就不能得到理想的聚合产物。在研究聚合反应动力学时，单体纯度要求达到99.9％以上。

同样，引发剂及其他各种助剂的纯度达不到要求，也会使聚合反应难以进行或者反应程度达不到要求。由此可见，在高分子合成实验进行前，必须对参与反应的单体、引发剂及其他各种助剂进行必要的精制提纯。

单体精制常用的方法有蒸馏法，如常压蒸馏、减压蒸馏、分馏等，还有重结晶、色谱分离等方法。至于采用哪种方法，应根据杂质来源以及对反应有害情况和实验要求来设计精制提纯的方法和步骤。下面是几种聚合单体的提纯方法实例。

4.2 单体的精制

4.2.1 苯乙烯单体的精制

【实验目的】

了解聚合反应对原料的纯度要求；掌握单体和引发剂等的纯化方法；了解和掌握原料纯度的检测方法；了解含有不饱和双键单体的化学分析的基本原理和方法；熟练掌握容量分析方法的基本操作技能。

【实验仪器器皿】

圆底烧瓶、克氏蒸馏头、毛细管、磨口温度计、直形冷凝管、接引管、接受瓶、电加热套、减压抽气装置、阿贝折射仪、氮气包、碘素瓶、量筒、碱式滴定

管、分液漏斗、洗瓶。

【实验原料】

苯乙烯、对苯二酚、三氯甲烷、盐酸、淀粉、硫代硫酸钠、氢氧化钠、溴酸钾-溴化钾溶液（0.25mol/L）。

【实验步骤】

在量筒内量取苯乙烯 20mL，将苯乙烯倒入 250mL 的分液漏斗中，加入少量的 5％氢氧化钠溶液洗涤，以除去单体中的阻聚剂对苯二酚。苯乙烯单体和 5％氢氧化钠溶液摇匀后再静置分层，分去氢氧化钠溶液，可再用氢氧化钠溶液洗涤，直到氢氧化钠溶液颜色不发红为止。然后再用蒸馏水进行洗涤苯乙烯，一直洗涤到单体 pH 值呈中性为止。蒸馏水洗涤后的苯乙烯单体如不澄清、透明，可用氯化钙干燥片刻，也可以进行减压精馏收集（图 4-1）。

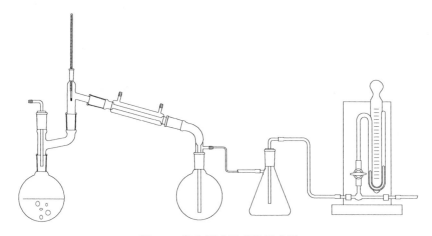

图 4-1　苯乙烯减压蒸馏示意图

将干燥后的苯乙烯，经过滤后，在干燥氮气的保护下进行减压蒸馏，冷凝管中用冷水冷却，按苯乙烯压力和沸点间的关系（表 4-1）收集纯苯乙烯，密封放入冰箱中存放。此方法也适用于甲基丙烯酸甲酯的纯化。

表 4-1　苯乙烯压力和沸点的关系

沸点/℃	44	60	69	76	79	82	102	125	142	145
压力/mmHg	22	40	60	89	90	100	200	400	700	760
压力/kPa	2.9	5.3	8.0	11.9	12.0	13.3	26.7	53.3	93.3	101.3

经过纯化处理后的单体、助剂必须小心储存，应在惰性气体的容器内或在低温干燥避光处存放。

【苯乙烯纯度检验】

常用的检验纯度方法有红外、紫外、原子吸收、核磁共振及色谱法。一般性实验,主要用折射率来检验单体纯度,在室温下测得蒸馏物的折射率,参见纯度与折射率关系表,求得纯度。

另外,在少量甲醇中加入几滴苯乙烯,观察是否有浑浊现象产生,以此检验苯乙烯单体中是否有聚合物的存在。

【苯乙烯含量测定】

含有碳-碳双键的苯乙烯,其定量分析方法比较多,比较简便的方法主要有 3 种:溴化法、霍夫曼法和乙酸汞容量法。

3 种方法测定双键的基本原理都是用间接法测定加成到双键上的元素的量。前两个方法是将溴加成到双键,而乙酸汞容量法是将乙酸汞加成到双键。溴化法适用于大多数不饱和化合物,包括较难溴化的甲基丙烯酸甲酯等;霍夫曼法适用于易于溴化加成的双键物质,如苯乙烯、醋酸乙烯酯等;乙酸汞容量法是适用于测定苯乙烯及其取代物的比较快的方法,这种方法是基于乙酸汞加成到双键上,然后用标准的硫氰酸铵来滴定产物上的汞。

本测定采用溴化法测定苯乙烯的含量,这种方法是由过量的溴酸钾-溴化钾溶液,在过量盐酸作用下,释放出游离的溴加成到双键上,然后在酸性条件下,用碘化钾处理剩余的溴而析出碘,用淀粉为指示剂,再用硫代硫酸钠滴定之。化学反应式如下:

$$KBrO_3 + 5KBr + 6HCl \longrightarrow 6KCl + 3H_2O + 3Br_2$$

$$Br_2 + 2KI \xrightarrow{H^+} 2KBr + I_2$$

$$I_2 + 2Na_2S_2O_3 \longrightarrow Na_2S_4O_6 + 2NaI$$

目前,已经广泛采用气相色谱法、液相色谱法来分析测定各种聚合单体,这些方法既准确,又迅速简便。本实验是在测试分析原理的基础上,使学生了解和掌握基本的测试方法。

测试方法如下:在 2 个 250mL 碘素瓶中,分别加入 10mL 三氯甲烷,准确称取 0.2~0.25g 苯乙烯试样,称量前后均需塞紧瓶盖。用移液管吸收 25mL 的 0.25mol/L 溴酸钾-溴化钾溶液加入到 250mL 碘瓶中,迅速加入 10mL 的 6mol/L 盐酸,塞紧瓶盖,轻摇 2min 后,放于暗处静置 15min。加入 10%碘化钾 120mL,塞紧瓶盖并摇匀,然后用硫代硫酸钠标准溶液滴定至溶液呈黄色后,加入淀粉溶液 1mL,继续滴定至 2min 内溶液不呈现紫红色为止,并做一不加苯乙烯的空白试验,进行对照。

苯乙烯百分含量的计算:

$$X = \frac{(V_1 - V_2)NE}{G \times 1000} \times 100\%$$

式中 X——苯乙烯百分含量,%;

V_1——空白试验消耗硫代硫酸钠的体积,mL;

V_2——测定苯乙烯样品消耗硫代硫酸钠的体积,mL;

N——硫代硫酸钠标准溶液的浓度,mol/L;

E——苯乙烯的摩尔质量，g/mol；

G——苯乙烯样品的质量，g。

【思考题】

1. 实验中为什么需要另做一空白试验？

2. 本实验可能产生哪些相对误差？试考虑如何来消除？

3. 做好本实验的关键是什么？

4.2.2　丙烯腈单体的精制

【实验目的】

了解聚合反应对原料的纯度要求，掌握单体等的纯化方法；了解和掌握原料纯度的检测方法；了解含有不饱和双键单体的化学分析的基本原理和方法；熟练掌握容量分析方法的基本操作技能。

【实验仪器器皿】

常压蒸馏装置、水浴锅、冷凝管、烧瓶、分馏装置、折光仪。

【实验原料】

丙烯腈、无水氯化钙、锰酸钾溶液。

【实验步骤】

取丙烯腈进行常压蒸馏，收集 76～78℃的馏分，将此馏分用无水氯化钙干燥 3h。然后过滤到带有分馏装置的烧瓶中，加几滴锰酸钾溶液进行分馏，收集 77～77.5℃的馏分，测其折射率 n_D^{20} 为 1.3911，将精制后的无色透明的丙烯腈液体密封，存放于阴凉避光处。因丙烯腈有毒，操作时应严格注意，避免进入口中，也不能接触皮肤，因此仪器装置要密封，尾气应排出室外，残液用水冲洗。

丙烯腈常压蒸馏示意图如图 4-2 所示。

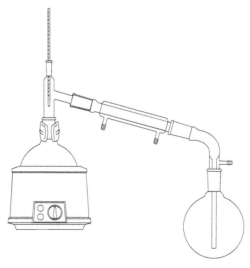

图 4-2　丙烯腈常压蒸馏示意图

4.2.3　甲基丙烯酸甲酯单体的精制

【实验目的】

了解聚合反应对原料的纯度要求；掌握单体等的纯化方法；了解和掌握原料纯度的检测方法；了解含有不饱和双键单体的化学分析的基本原理和方法；熟练掌握容量分析方法的基本操作技能。

【实验仪器器皿】

常压蒸馏装置、水浴锅、冷凝管、烧瓶、分馏装置、分液漏斗、折光仪。

【实验原料】

甲基丙烯酸甲酯、对苯二酚、无水氯化钙、5%氢氧化钠水溶液、锰酸钾溶液、无水硫酸钠。

【实验步骤】

将甲基丙烯酸甲酯进行常压蒸馏，收集 100.3～100.6℃的馏分，将此馏分用无水氯化钙干燥 3h，取出后加入对苯二酚阻聚剂。使用前先用 5%氢氧化钠水溶液洗去对苯二酚阻聚剂，在 500mL 的分液漏斗中加入 850mL 的甲基丙烯酸甲酯。

用 40～50mL、5%的氢氧化钠水溶液反复洗涤几次，直至无色为止，然后用去离子水再洗涤至无色，呈中性。再用无水硫酸钠干燥后，进行减压蒸馏，收集 100mmHg 馏分。甲基丙烯酸甲酯是无色透明液体，其沸点为 100.3～100.6℃，相对密度 d_4^{20} 为 0.937，折射率 n_D^{20} 为 1.4138。

甲基丙烯酸甲酯的沸点和压力关系见表 4-2。

表 4-2　甲基丙烯酸甲酯沸点和压力关系

沸点/℃	10	20	30	40	50	60	70	80	90	100.6
压力/mmHg	24	35	53	81	124	189	279	397	543	760
压力/kPa	3.2	4.7	7	12	16.5	25.2	37.2	52.9	72.4	101.3

注：表中的压力标注值 mmHg 和 kPa 为两者相当的值。

4.2.4　乙酸乙烯酯单体的精制

将 200mL 乙酸乙烯酯放于 500mL 的分液漏斗中，用 50mL 饱和的亚硫酸氢钠溶液分别洗涤 3 次，然后用去离子水或蒸馏水反复洗涤至中性，再用无水硫酸钠进行干燥，静置过夜。再进行常压蒸馏，收集 71.8～72.5℃的馏分。乙酸乙烯酯为无色透明液体，沸点 72.5℃，相对密度 d_4^{20} 为 0.9342，折射率 n_D^{20} 为 1.3956。

4.3　引发剂的精制

4.3.1　过氧化二苯甲酰引发剂的精制

【实验目的】

了解聚合反应对原料的纯度要求；掌握引发剂等的纯化方法；了解和掌握原料

纯度的检测方法；了解含有不饱和双键单体的化学分析的基本原理和方法；熟练掌握容量分析方法的基本操作技能。

自由基聚合常用的引发剂大多为固体，这类物质的精制常采用重结晶法。在室温溶解成饱和溶液，然后冷却，使引发剂结晶析出。用溶剂将引发剂溶解，然后加入沉淀剂，使引发剂结晶析出，必要时可以冷却。

【实验仪器器皿】

烧杯、布氏漏斗、吸滤瓶、培养皿、干燥器、冰箱。

【实验原料】

过氧化二苯甲酰、三氯甲烷、甲醇。

【实验步骤】

在 100mL 烧杯中加入 20g 三氯甲烷和 4g 过氧化二苯甲酰，在室温下搅拌溶解、过滤。在滤液中加入 60g 甲醇，并在冰盐混合浴中冷却，待析出晶体后，用布氏漏斗收集晶体。再分别用 5mL 甲醇洗涤 3 次，抽干后将晶体移入培养皿，室温下真空干燥，放入棕色瓶内密封，保存于冰箱或干燥器中。

4.3.2　偶氮二异丁腈引发剂的精制

【实验目的】

了解聚合反应对原料的纯度要求；掌握引发剂等的纯化方法；了解和掌握原料纯度的检测方法和基本操作技能。

【实验仪器器皿】

烧杯（100mL）、布氏漏斗、吸滤瓶、培养皿、抽滤装置、真空干燥箱、冰箱、干燥器。

【实验原料】

偶氮二异丁腈、三氯甲烷、甲醇。

【实验步骤】

在装有回流冷凝器的 150mL 锥形瓶中加入 50mL 95％的乙醇溶液，水浴加热至沸腾，迅速加入 5g 偶氮二异丁腈，摇匀使之均匀全部溶解。趁热抽滤后，冷却滤液，得到白色结晶体。再用布氏漏斗真空过滤，偶氮二异丁腈结晶体放于真空干燥箱中室温下干燥，放于棕色瓶中密闭存放。

另一种精制方法：将偶氮二异丁腈溶于甲醇溶液中，制成饱和溶液，放入冰箱冷冻使其结晶，待挥发了大约 60％的溶剂后，再用布氏漏斗抽滤收集偶氮二异丁腈晶体，放于棕色瓶内，放入烘箱内，在略高于室温的 40℃下干燥数小时后，取出后冷至室温密闭封好，存放冰箱内。

偶氮二异丁腈的精制主要以低级醇为溶剂，如乙醇、水-乙醇混合物、甲醇、甲苯、乙醚、石油醚等。熔点为 102～103℃。

4.3.3 过硫酸铵、过硫酸钾引发剂的精制

【实验目的】

了解聚合反应对原料的纯度要求；掌握引发剂等的纯化方法；了解和掌握原料纯度的检测方法和基本操作技能。

【实验仪器器皿】

烧杯（100mL，2个）、布氏漏斗、吸滤瓶、培养皿、真空干燥箱、干燥器。

【实验原料】

过硫酸钾、氯化钡溶液、甲醇。

【实验步骤】

过硫酸盐引发剂中的杂质主要有硫酸氢钾或硫酸氢铵和硫酸钾或硫酸铵，可以用少量的水反复重结晶除去。

具体操作：在40℃的去离子水中将过硫酸盐溶解后进行过滤，滤液用水冷却，结晶析出，过滤，用冰冷水洗涤结晶，用氯化钡溶液检验洗涤液至无 SO_4^{2-} 为止，将白色结晶（片状或柱状）置于真空干燥箱室温下干燥后，放于干燥器密闭保存。

4.4 常用溶剂的制备与提纯

4.4.1 乙酸正丁酯的制备

乙酸正丁酯是溶液聚合中常用的溶剂，也是溶剂型涂料和胶黏剂中常用的溶剂。

【实验目的】

了解和掌握常用溶剂的一般制备方法和精制方法；熟练掌握这方面的基本操作技能和分析方法。

【实验仪器器皿】

电热套、圆底烧瓶、球形冷凝管、分水器、分液漏斗、直形冷凝管、接引管、接受瓶、折光仪。

【实验原料】

正丁醇、冰醋酸、浓硫酸、10%碳酸钠溶液、无水硫酸镁、沸石。

【实验反应】

制备乙酸正丁酯的主要原料是正丁醇、冰醋酸，其反应式如下：

$$CH_3COOH + n\text{-}C_4H_9OH \Longleftrightarrow CH_3COOC_4H_9\text{-}n + H_2O$$

【实验步骤】

在干燥的100mL圆底烧瓶中，加入11.5mL正丁醇和7.2mL冰醋酸，再加入反应催化剂浓硫酸3～4滴，均匀混合后加入少许沸石，然后装夹固定，安装分水器和球形回流冷凝管。在分水器中加入一定量经过量筒计量的蒸馏水，注意加入蒸

馏水的液面应略低于分水器的支管口，开启冷凝水，用电热套开始加温。待有回流冷凝后，有物料冷凝至分水器支管，当支管中的水和冷凝的反应物料逐渐满后，可先允许支管中的物料有一定的回流，过约 15min 后，可分数次从分水器支管中放出适量的水，使分水器支管的液面保持在原来的液位，反应进行约 1h 后，分水器支管中有明显的分层（水层和酯层等），不再有水生成，说明反应已基本结束。

停止加热，关闭冷凝水，记录放出的水量，待冷却后卸下回流冷凝管和分水器，将分水器支管中上层的反应物和圆底烧瓶中的反应物一起倒入分液漏斗中，加入 10mL 的水进行洗涤。静止片刻，使之充分分层。然后分出底层的水层后，再加入 10mL 10％的碳酸钠溶液洗涤，静止分出水层，再加 10mL 的水洗涤，测试 pH 值应为中性，如仍显酸性，可如上再进行洗涤，静止后分去水层，将反应物倒入锥形瓶中，加入少量无水硫酸镁进行干燥。

将干燥后的反应物倒入经干燥的圆底烧瓶中，滗出硫酸镁，加入少许沸石后，装夹固定，并安装温度计、直形冷凝管、接引管和接受瓶。蒸馏装置如图 4-3 所示。开启冷凝水，电热套加温，收集 124～126℃的馏分。产量 10g 左右的乙酸正丁酯为无色透明液体，沸点为 126.5℃，折射率 n_D^{20} 为 1.3941，相对密度 d_4^{20} 为 0.882。

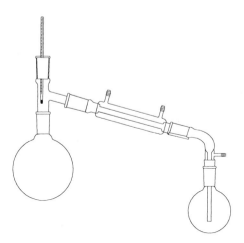

图 4-3　蒸馏示意图

注意：整个蒸馏装置应保持干燥，若蒸馏装置没有干燥完全，蒸馏出的产物将会是浑浊液，此时可再加入少量无水硫酸镁进行干燥，使之澄清。

【思考题】

1. 本实验如何才能够提高其反应的产率？

2. 请计算出该反应的理论产量，并将实验产量与之相比较，计算产率。

3. 为什么分水器支管中要预先加入一定量的水？为什么当反应刚开始有冷凝

物回入分水器支管时要有部分回流？

4. 反应中若有水回流入圆底烧瓶中，会对反应有何影响？

4.4.2 乙酸乙酯的制备

乙酸乙酯是高聚物溶解中常用的溶剂，也是溶剂型胶黏剂中常用的溶剂。

【实验目的】

了解和掌握常用溶剂的一般制备方法和精制方法；熟练掌握这方面的基本操作技能和分析方法。

【实验仪器器皿】

电热套、三口反应瓶、恒压滴液漏斗、J形玻璃管、直形冷凝管、分馏柱、接引管、锥形瓶、折光仪。

【实验原料】

冰醋酸、乙醇、浓硫酸、饱和碳酸钠溶液、无水碳酸钾、饱和食盐水。

【实验反应】

制备乙酸乙酯的主要原料是乙醇和冰醋酸，其反应式如下。

（1）主反应

$$CH_3COOH + C_2H_5OH \underset{H_2SO_4}{\overset{120 \sim 125℃}{\rlap{\raisebox{2pt}{$\longrightarrow$}}\raisebox{-2pt}{$\longleftarrow$}}} CH_3COOC_2H_5 + H_2O$$

（2）副反应

$$2C_2H_5OH \xrightarrow{H_2SO_4} C_2H_5-O-C_2H_5 + H_2O$$

【实验步骤】

在100mL三口反应瓶中的一侧安装一恒压滴液漏斗，滴液漏斗的下端用一橡胶管连接一J形玻璃管，伸入烧瓶内3mm处。在另一个口中安装一温度计，中口安装一分馏柱、蒸馏头温度计和直形冷凝管，如图4-4所示。冷凝管末端连接接引管和锥形瓶，锥形瓶用冰水浴冷却。

在一小锥形瓶内放入3mL乙醇，边摇动边缓慢加入3mL的浓硫酸，然后将它们倒入三口反应瓶中。另外，再配制20mL乙醇和14.3mL冰醋酸的混合液，倒入滴液漏斗中，用电热套加热三口反应瓶，保持反应物的温度在120℃左右。然后开启滴液漏斗旋钮，将滴液漏斗中的乙醇和冰醋酸的混合液缓慢滴入三口瓶中，大约控制在90min内滴加完毕。注意调节滴加速度，使之与酯类的蒸出速度大致相同，期间控制反应温度保持在120～150℃。滴加完毕后，继续加热约10min，直至无馏出液为止。

反应完毕，将饱和碳酸钠溶液缓慢地分几次加入馏出液中，并且不断地摇动，直至没有二氧化碳气体逸出为止。将混合液倒入分液漏斗中，静置片刻后，放出下层的水层，用石蕊试纸检验酯层。若酯层仍然显示酸性，可再用饱和碳酸钠溶液进行洗涤，直至酯层不显示酸性为止。用等体积的饱和食盐水洗涤，再用

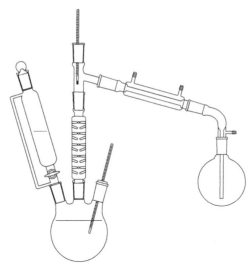

图 4-4　乙酸乙酯反应装置图

等体积的饱和氯化钙溶液洗涤 2 次，静置片刻后，放出下层的废液。将粗乙酸乙酯倒入干燥的小锥形瓶中，加入无水碳酸钾进行干燥，在 30min 内间歇进行振荡。

将粗乙酸乙酯倾倒入干燥的烧瓶中，安装蒸馏装置如图 4-4 所示。水浴加温，收集 74～80℃的馏分。产量乙酸乙酯 14.5～16.5g 的为带有果香味的无色透明液体，沸点为 77.2℃，折射率为 n_D^{20} 1.3723，相对密度 d_4^{20} 为 0.901。

【思考题】

1. 本实验中的硫酸在反应中起什么作用？反应中为什么乙醇用量要过量？

2. 在反应得到的粗乙酸乙酯中，主要含有哪些杂质？

3. 实验中能否用浓氢氧化钠溶液替代饱和碳酸钠溶液来洗涤蒸馏物？

4. 用饱和氯化钙溶液洗涤，能够洗涤除去什么？另外为什么要用饱和食盐水洗涤？可否直接用水代替来进行洗涤？

4.4.3　邻苯二甲酸二丁酯的制备

邻苯二甲酸二丁酯是高聚物涂料和胶黏剂中常用的增塑剂，也是溶剂型胶黏剂中常用的溶剂。

【实验目的】

了解和掌握常用溶剂的一般制备方法和精制方法；熟练掌握这方面基本操作技能和分析方法。

【实验仪器器皿】

真空油泵、电热套、水循环减压泵、三口反应瓶、水银温度计、分水器、球形冷凝管。

【实验原料】

邻苯二甲酸酐、正丁醇、浓硫酸、5%碳酸钠溶液、饱和食盐水、无水硫酸镁。

【实验反应】

制备邻苯二甲酸二丁酯的主要原料是邻苯二甲酸酐和正丁醇，其反应式如下。

1）主反应

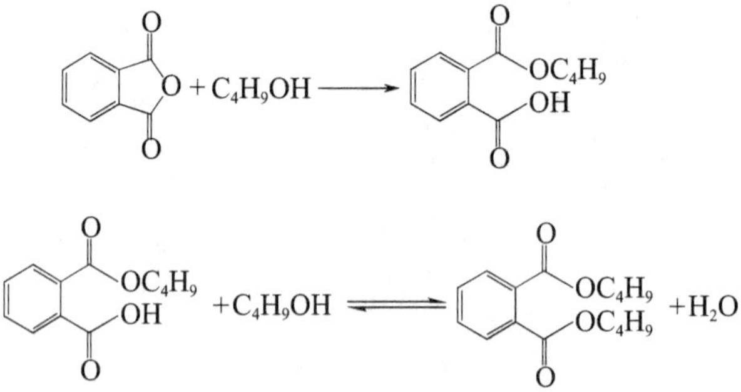

2）副反应

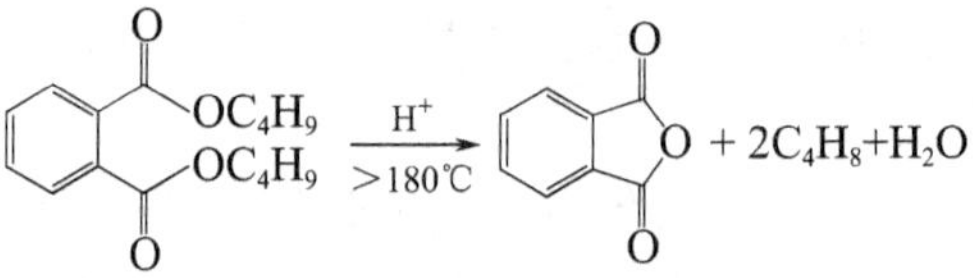

【实验步骤】

在 50mL 的三口反应瓶中加入 7.4g 邻苯二甲酸酐、13.7mL 正丁醇、3 滴浓硫酸及少许沸石，轻轻摇动使之充分混合均匀，在一个瓶口装上一水银温度计，注意应使温度计的水银球浸没于物料液面，中间的瓶口安放一已装有一定量水（预先计量）的分水器，在分水器上再装上球形回流冷凝管。

用小火加热，并轻轻晃动反应瓶，约 20min 后，邻苯二甲酸酐全部溶解，并反应生成邻苯二甲酸单丁酯。进一步加热，直至反应物沸腾。此时，使冷凝管中冷凝下来的物料滴入分水器中，使分水器的液面升高，并且可以看到分水器中的物料开始出现分层，水在下层，正丁醇在上层。此时应使正丁醇回流到反应瓶中，继续反应。当 60min 左右后，反应温度开始上升时，放出分水器下部的水，并逐渐放净水。当分水器中不再产生水时，停止加热，自然冷却至 60℃ 左右，拆卸装置，回收正丁醇。

将反应物料倒入分液漏斗中，分别用与物料相当的饱和食盐水洗涤两遍，然后用一定量的 5% 碳酸钠溶液中和洗涤，再用饱和食盐水洗涤至 pH 值为中性，分离邻苯二甲酸二丁酯粗产物于锥形瓶中，加入少量的无水硫酸镁进行干燥。

将邻苯二甲酸二丁酯粗产物先在水循环减压泵下 120℃ 左右蒸馏除去正丁醇等，最后用真空油泵在减压（10~20mmHg）精馏收集 190℃ 的馏分。产量约 12mL 的邻苯二甲酸二丁酯为无色透明黏稠状液体，沸点为 340℃，相对密度 d_4^{20} 为 1.045。

第 5 章　聚合物的分离和纯化

在化学实验中，分离和纯化是不可缺少的一个环节，分离和纯化的方法也有很多种。具体到高分子化学实验，单体和反应原料的纯化是保证聚合反应顺利进行的关键步骤，它们的常用精制方法已在第 2 章中作为高分子化学的基本操作做了介绍。本章主要介绍聚合物的分离和纯化。在聚合反应结束后，通常并不像我们希望的那样可以直接得到纯的聚合物，而是要通过分离纯化的步骤将所需要的聚合物提取出来。下面介绍一些分离提纯聚合物的方法。

5.1　洗涤法

用聚合物的不良溶剂反复洗涤聚合物，选择的不良溶剂可以溶解聚合物中含有的单体、引发剂和杂质以达到净化的目的，这是最为简单的精制方法。比如悬浮聚合所得到的聚合物颗粒本身是相当于本体聚合形成的较纯净的聚合物，而颗粒表面附着有分散剂，可通过洗涤的方法除去分散剂，再过滤即获得较为纯净的产品。对于其他聚合方法合成的产品，使用单纯的洗涤法就存在较大的问题，对于颗粒较小的聚合物来说，不易包裹杂质，洗涤效果还好，但是对于颗粒大的聚合物而言，则难于除去颗粒内部的杂质，精制效果并不理想，而且很多时候单体是聚合物的良溶剂，要将溶于聚合物的残余单体除去，不通过聚合物的溶解和不良溶剂的浸泡是很难达到效果的。洗涤法一般只作为辅助的精制方法，因此进一步的提纯要选择其他的一些分离方法，用其他纯化方法提纯后的聚合物，也可用其不良溶剂进一步洗涤干净。

5.2　溶解沉淀法

这是分离精制聚合物最常用的方法。如果是溶液聚合结束后得到的聚合物溶液，那么分离出聚合物的步骤就是将此聚合物溶液慢慢倒入一定量的聚合物沉淀剂中。这一沉淀剂应能够溶解单体、引发剂和溶剂，而只对于聚合物不溶。可以观察到体系由透明溶液到出现白色（通常为白色）沉淀的过程，也就是聚合物缓慢沉淀出来的过程。由于聚合物相对分子质量具有一定分布，沉淀过程是需要时间的。这一方法还同样用于聚合物的纯化，将未提纯的聚合物溶解于良溶剂中，然后将聚合物溶液加入聚合物的沉淀剂中，使聚合物缓慢地沉淀出来。初步提纯只是将聚合物中可能包裹的单体、引发剂或其他杂质除去，不涉及相对分子质量的问题，因此只通过简单的溶解沉淀步骤即可达到目的，但更进一步的提纯就涉及对不同相对分子质量的聚合物进行分离，这一部分内容请见5.7节聚合物的分级。

另外需要指出的是，聚合物溶液的浓度、沉淀剂加入速度以及沉淀温度等对精制的效果和所分离出聚合物的外观影响很大。聚合物浓度过大，沉淀物开始呈橡胶状，容易包裹较多杂质，精制效果差；浓度过低，精制效果好，但是聚合物呈微细粉状，收集困难。沉淀剂的用量一般是溶剂体积的5~10倍。聚合物残留的溶剂可以采用真空干燥的方法除去。

5.3 抽提法

抽提法是精制聚合物的重要方法，它是用溶剂萃取出聚合物中的可溶性部分达到分离和提纯的目的，一般在索氏提取器中进行。

索氏提取器是由烧瓶、带两个侧管的提取器和冷凝器组成，形成的溶剂蒸气经蒸气侧管而上升，虹吸管则是提取器中溶液往烧瓶中溢流的通道，整个装置如图5-1所示。将被萃取的固体聚合物用滤纸包裹结实，将其置于提取器中，可以同时提取几个样品，但要注意所放样品包的上端应低于虹吸管的最高处，以保证所有样品有较好的提取效果。在烧瓶中装入适当的溶剂和沸石，溶剂最少量不得小于提取器容积的1.5倍。加热使溶剂沸腾，蒸气不断沿蒸气侧管上升至提取器中，并经冷凝器冷凝至提取器中汇集，润湿聚合物并溶解其中可溶性的组分，当提取器中的溶剂液面升高至虹吸管最高点时，提取器中所有液体从提取器虹吸到烧瓶中，再次进行上述过程。保持一定的溶剂沸腾速度，使提取器每15min被充满一次，聚合物多次被新蒸馏的溶剂浸泡，经过一定时间其中的可溶性物质就可以完全被抽提到烧瓶中，在抽提器中只留下纯净的不溶性的聚合物，可溶性部分残留在溶剂中。这样的往复循环利用溶剂比溶解沉淀法节省了溶剂的使用，同时又得到了纯化的聚合物。抽提方法可以用于聚合物的提纯，还可用于聚合物的分离，如将未交联的聚合物与交联的聚合物分开，选择聚合物的良溶剂进行抽提，可将未交联的聚合物或杂质与交联的聚合物分离；无论出于何种目的，首先应得到固态的聚合物再进行抽提纯化，抽提后的不溶性聚合物以固体形式存在于抽提器中，再进行干燥即可。若溶剂中的聚合物也是需要的，就必须再寻找沉淀剂或直接将溶剂蒸发除去，此时多选择旋转蒸发的方法除去溶剂。

5.4 旋转蒸发法

旋转蒸发是快速方便的浓缩溶液、蒸出溶剂的方法，要在旋转蒸发仪上完成。旋转蒸发仪由三个部分组成，如图5-2所示。待蒸发的溶液置于梨形烧瓶中，在马达的带动下烧瓶旋转，在瓶壁上形成薄薄的液膜，提高了溶剂的挥发速度，同时可以通过水泵减压，降低溶剂的沸点，使其在短时间内达到浓缩蒸除的目的。溶剂的蒸气经冷凝，形成液体流入接收瓶中。冷凝部分常用蛇形回流冷凝管。为了起到良好的冷凝效果，可用冰水作为冷凝介质。

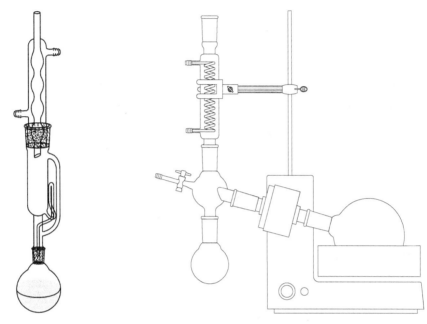

图 5-1 索氏提取器　　　　　　　　　　图 5-2 旋转蒸发仪

进行旋转蒸发时，梨形烧瓶中液体量不宜过多，为烧瓶体积的 1/3 即可。梨形烧瓶和接收瓶与旋转蒸发仪的接口处最好用烧瓶夹固定，需要减压时还要在磨口处涂抹真空脂密封。装置调整好之后启动旋转马达，开动水泵，关闭活塞，打开冷凝水进行旋转蒸发，必要时可将梨形烧瓶用水浴进行加热。旋转蒸发一般用于溶剂量较少的溶液浓缩和蒸发，在反应原料的精制和制备过程以及聚合物的提纯分离过程常会用到此方法，在将溶剂完全蒸除时要注意加热水浴的温度不可过高，防止其中需要的产品变性或氧化。

5.5 色谱法

相比聚合物和小分子混合体系而言，溶解度相近的聚合物共混物（如聚合物的同分异构体）之间的分离较为复杂，使用上述典型的纯化方法难以达到分离的目的。色谱法就可以弥补上述方法的不足，不仅用于混合物的分离纯化，而且还广泛用来鉴定产物的纯度、跟踪反应以及对产物进行定性和定量分析。

色谱法的基本原理是利用混合物的各组分在固定相和流动相中分配平衡常数的

差异，当流动相流经固定相时，由于固定相对各组分的吸附或溶解性能不同，使吸附力较弱或溶解度较小的组分在固定相中移动速度快，在反复多次平衡过程中导致各组分在固定相中形成了分离的"色带"，从而得到了分离。

5.5.1 薄层色谱法

薄层色谱法是快速分离和定性分析微量物质的一种极为重要的技术，其设备简单，操作方便，特别适用于挥发性小，或在较高温度下易发生变化而不能用气相色谱分析的物质，同时也用来跟踪有机反应或监测有机反应的反应程度。常用的薄层色谱法有吸附色谱法和分配色谱法两类。

薄层色谱法是在干净的载玻片上均匀地涂敷一层吸附剂或支持剂，待干燥活化后，用点样管（细毛细管）移取样品溶液，滴于薄层板一段约 1cm 处的起点上，置薄层板于盛有展开剂的展开槽内展开，浸入深度为 0.5cm。待展开剂前沿到达离板的另一端约 1cm 时，将层析板取出，干燥。对于无色物质的分离，可将板置于碘蒸气中显色，或喷以显色剂。

吸附薄层色谱法的吸附剂最常用的是氧化铝和硅胶，分配色谱法的支持剂为硅藻土和纤维素。目前可以直接购买已制好的薄层板，如果薄层板的吸附剂或支持剂不符合分离或分析的要求，就要自己制板，其制备方法请查阅相关书籍。薄层色谱法展开剂的选择和柱色谱法的洗脱剂一样，主要根据样品的极性、溶解度和吸附剂的活性等因素，凡溶剂的极性越大，则对化合物的洗脱力越大。一般选择溶剂的极性比样品极性小些，如果极性大，对样品的溶解度太大，则样品不易被吸附剂吸附；如果极性太小，则溶液体积增加，使"色带"分散。因此，混合溶剂经常作为展开剂或洗脱剂。展开剂的选择有时需经反复试验，可用吸有溶剂的毛细管在涂有吸附剂的载玻片上每隔 1cm 点板，溶剂会扩散成一个圆点，根据扩散的形状判定展开剂是否合适。薄层色谱法展开方法有几种，都在密闭容器中进行，分为上行展开、下行展开和双向展开。其中双向展开是使用方形玻璃板铺制薄层，样品点在角上，先由一个方向展开，然后转动 90°角，再换另一种展开剂展开，用于成分复杂的混合物的分离。

一般能用氧化铝薄层色谱法分开的物质，也能用氧化铝柱色谱法分离；凡能用硅藻土和纤维素作支持剂分配薄层色谱法展开的物质，也可用相同的支持剂的柱色谱法分开。因此薄层色谱法常作为柱色谱法的先导。用薄层色谱法首先判定混合物的展开位置，再将混合物通过柱色谱法分离得到组分单一的产品。

5.5.2 柱色谱法

柱色谱法也分为吸附柱色谱法和分配柱色谱法，所用的固定相和支持剂与薄层色谱相同。分配柱色谱法中的纤维素等支持剂吸收大量液体作为固定相，支持剂本身并不起分离作用。吸附柱色谱法通常是在玻璃管中填入表面积大、经过活化的多孔性或粉状固体吸附剂。当混合物溶液流经吸附柱时，各种组分同时被吸附在柱的上端，当洗脱剂流下时解吸出来的物质溶解在洗脱剂中，并随之向下移动。遇到新的吸附剂表面，该物质和洗脱剂又会被吸附而建立新的暂时的平衡，立即又被向下移动的洗脱剂破坏而解吸。如此，具有不同吸附能力的化合物按不同速度沿柱向下移动，分别收集即得到分离的各组分。

对于吸附柱色谱法来说，吸附剂的选择尤为重要。吸附剂的种类很多，吸附剂的选样取决于被分离化合物的种类。常用的吸附剂有氧化铝、硅胶和淀粉等。氧化铝对极性化合物吸附能力强；硅胶则比较温和，适用于大多数化合物；淀粉可以用于对酸碱都敏感的天然产物的分离。大多数吸附剂都强烈地吸附水，水不易被其他化合物置换，因此吸附剂的活性降低。通常采用加热的方法使吸附剂活化。但无水氧化铝的活性太强，有时会导致某些化合物分解，还可能使极性强的化合物难以解吸下来，因此氧化铝的干燥要酌情进行。而吸附能力主要取决于吸附剂和被分离化合物之间的作用力，吸附剂对极性化合物的吸附能力见表 5-1。作用力的强度大致可以按如下次序进行分析推测：盐的形成＞配位作用力＞氢键作用力＞偶极力＞诱导力。当化合物中含有较强的极性基团时，则与吸附剂的作用力较大，就不易被洗脱剂洗脱，将在后面流出色谱柱。洗脱剂的选择一般先通过薄层色谱法进行探索，再确定洗脱剂，其极性应比样品的极性小。

柱色谱法的分离效果不仅依赖于吸附剂和洗脱剂的选择，且与吸附剂的大小和吸附剂用量有关。表 5-2 列出了柱的大小、吸附剂用量和样品量之间的关系。色谱法柱的填装应均匀、无气泡，并与柱顶表面保持水平。

表 5-1　柱色谱法用吸附剂的吸附能力

吸附剂	对极性化合物的吸附能力
纤维素	
淀粉	
糖	
硅酸镁(含水)	
硫酸钙	渐
硅酸	
硅胶	强
硅酸镁(无水)	
氧化镁	
氧化铝	
活性炭	

表 5-2　柱大小、吸附剂用量和样品量之间的关系

样品量/g	吸附剂用量/g	柱直径/mm	柱高/mm
0.01	0.3	3.5	30
0.10	3.0	7.5	60
1.00	30.0	16.0	130
10.00	300.0	35.0	280

5.6　聚合物胶乳的分离和纯化

乳液聚合的产物是较稳定悬浮于水中的聚合物胶粒，乳胶粒表面包覆着一定量的乳化剂。想要得到纯净的聚合物，首先必须将聚合物与水分离开，常采用的方法是破乳。破乳是向胶乳中加入电解质、有机溶剂或其他物质，破坏胶乳的稳定性，从而使聚合物凝聚。破乳剂的选择可以根据乳化剂的种类进行，离子型乳化剂一般选用带有反离子的电解质即可破乳；其他类型的乳化剂如使用电解质不易破乳则可考虑使用溶剂，如盐酸、丙酮等，必要时还可加热破坏其稳定性。破乳以后，需要用大量的水多次洗涤，除去聚合物中残留的乳化剂，再干燥得到纯净的聚合物。体系中不含乳化剂或微量乳化剂的聚合物乳液若要将聚合物与水分离，乳胶粒粒径大（＞300nm）的乳液可选择离心沉降的方法，使用高速离心机在 1000r/min 以上进行离心分离。离心前需将离心管称重配平再放入离心机，多次离心可以洗涤原乳液溶解在水相中的杂质。若固含量较高又难以破乳，还可以选择直接蒸发水分的方法，先得到固体的聚合物，再通过如抽提法进一步纯化。在只需将聚合物胶乳中的小分子乳化剂和无机盐除去的情况下，还可用半渗透膜制成的渗析袋分离。

5.7　聚合物的分级

高分子链在无规的状态下增长、转移和终止，则所得到的相对分子质量是许多链的平均重量，相对分子质量分布是高斯分布。高分子的多分散性是聚合物的基本特征之一，人们用 $\overline{M}_w/\overline{M}_n$（称为分散系数）来表示聚合物相对分子质量的分散性，对完全单分散的聚合物，则有 $\overline{M}_w=\overline{M}_n$。可以用诸如活性聚合的方法制备出分散系数接近于 1 的某些聚合物，但对于大部分聚合物体系来说，要想获得窄分布的聚合物，就要用分级的方法。多分散的聚合物分离为不同相对分子质量部分的方法称为分级，分级分为分析用和制备用两种。分析分级只需要少量的聚合物，例如相对分子质量分布的测定；制备分级可以得到较大量的窄分布聚合物，是研究聚合物性质和相对分子质量关系的重要方法。但这些分级方法也只是得到比原始聚合物相对分子质量分布窄的级分，按原理可以分为三类：①基于在溶剂中的溶解度和溶解速度不同；②利用色谱法分级；③通过沉降分级。下面介绍三种常用的聚合物制备分级方法。

5.7.1　沉淀分级

沉淀分级是较简单的分级方法。当温度恒定时，对于某一溶剂，聚合物存在一临界相对分子质量，低于该值的聚合物可以溶解在溶剂中，高于该值的聚合物则以聚集体形式悬浮于溶剂中，沉淀分级是在一定的温度下向聚合物溶液（浓度为 0.1%～1%）中缓慢加入一定量的非溶剂（沉淀剂），直到溶液浑浊不再消失，静置一段时间后即等温地沉淀出较高相对分子质量的聚合物；采用超速离心法将沉淀出的聚合物分离出去，其余的聚合物溶液中再次补加沉淀剂，重复操作即可得到不同级分的聚合物。也可以在聚合物稀溶液中加入足够量的沉淀剂，使约一半的聚合物沉淀出来，而后分离溶液相和沉淀相，把沉淀出的凝胶再溶解，并把这两份溶液再按照上述步骤沉淀分离。沉淀分级的缺点是需用很稀的溶液，而且使沉淀相析出是相当耗时的。利用相同原理，可以维持聚合物的溶剂组成不变，在激烈的搅拌下缓慢地依次降低溶液的温度，也可以对聚合物进行分级。

5.7.2 柱状淋洗分级

柱状淋洗分级是在惰性载体上沉淀聚合物样品，用一系列溶解能力依次增加的液体逐步萃取。聚合物首先沉积在惰性载体上，惰性载体可以选择如玻璃珠、二氧化硅等，填充在柱子中，用组成不断改变的溶剂-非溶剂配制的混合溶剂来淋洗柱子，一般萃取剂从100％非溶剂变到100％溶剂，液体混合物在氮气的压力下通过柱子，把聚合物分子洗脱走，按级分收集聚合物溶液。精密的柱子成功地使用温度梯度和溶剂梯度两者的结合，也称沉淀色谱法。

5.7.3 制备凝胶色谱

制备凝胶色谱不同于分析凝胶色谱，它的目的是为了得到不同级分的聚合物，此方法是基于多孔性凝胶粒子中不同大小的空间可以容纳不同大小的溶质（聚合物）分子，以分离聚合物分子。将交联的有机物或无机硅胶作为填料，这种填料都具有一定的孔结构，孔的大小取决于填料的制备方法。将聚合物溶液注入色谱柱，用同一溶剂淋洗，溶剂分子与小于凝胶微孔的高分子就扩散到凝胶微孔里去。较大的高分子不能渗入而首先被溶剂淋洗到柱外。凝胶色谱分级的效率不仅依赖于所用填料的类型，还取决于色谱柱的尺寸。

除凝胶色谱法外，其他两种方法都是基于聚合物溶解度与其相对分子质量相关的原理，因此聚合物的分级只是对于化学结构单一的聚合物而言，对于不同支化程度的聚合物和共聚物样品，其溶解度并不只取决于相对分子质量大小，还和化学结构与组成相关，这些聚合物要先确定其化学结构和组成，再按相对分子质量大小或化学组成进行分级。

5.8 聚合物的干燥

聚合物的干燥是分离提纯聚合物之后的必要操作，它是将聚合物中残留的溶剂除去的过程，可使用固体干燥的一般方法。

最普通的干燥方法是将样品置于红外灯下烘烤，但是会因为温度过高导致样品氧化，含有有机溶剂的聚合物也不宜采用此法，溶剂挥发在室内会造成一定危害。

另一种方法是将样品置于烘箱内烘干，这时要注意烘干温度和时间的选择，温度过高同样会造成聚合物的氧化甚至裂解，温度过低则所需烘干时间太长。

比较适合于聚合物干燥的方法是真空干燥。真空干燥可以利用真空烘箱进行，将聚合物样品置于真空烘箱密闭的干燥室内，减压并加热到适当温度，能够快速有效地除去残留溶剂。为了防止聚合物粉末样品在恢复常压时被气流冲走和固体杂质飘落到聚合物样品中，可以在盛放聚合物的容器上加盖滤纸或铝箔，并用针扎一些小孔，以利于溶剂挥发。准备真空干燥之前要注意聚合物样品所含的溶剂量不可太多，否则会腐蚀烘箱，也会污染真空泵。溶剂量多时可用旋转蒸发法浓缩，也可以在通风橱内自然干燥一段时间，待大量溶剂除去后再置于真空烘箱内干燥，尽管如此，还要在真空烘箱与真空泵之间连接干燥塔，以保护真空泵，真空烘箱在使用完毕后也应注意及时清理，减少腐蚀。在真空干燥时容易挥发的溶剂可以使用水泵减压。难挥发的溶剂使用油泵。一些需要特别干燥的样品在恢复常压时可以通入高纯惰气以避免水汽的进入。

当待干燥的聚合物样品量非常少时，也可以利用简易真空干燥器。干燥器底部装入干燥剂，利用抽真空的方法除去聚合物样品中的低沸点溶剂。

冷冻干燥是在低温高真空下进行的减压干燥，适用于有生物活性的聚合物样品，以及需要固定、保留某种状态下聚合物结构形态的样品干燥。在进行冷冻干燥前一般都将样品事先放入冰箱于 $-20 \sim -30℃$ 下冷冻，再置于已处于低温的冷冻干燥机中，快速减压干燥，干燥后应及时清理冷冻干燥机，避免溶剂的腐蚀。

第二篇　高分子化学实验

实验1　甲基丙烯酸甲酯的本体聚合
——有机玻璃的制备

【实验目的】

1. 了解自由基本体聚合的特点和实施方法，观察整个聚合过程中体系黏度的变化过程。

2. 掌握和了解有机玻璃的生产工艺和操作技术的特点。

【实验原理】

本体聚合是指单体本身在不加溶剂及其他分散介质的情况下由微量引发剂或光、热、辐射能等引发进行的聚合反应。由于聚合体系中的其他添加物少（除引发剂外，有时会加入少量必要的链转移剂、颜料、增塑剂、防老剂等），因而所得聚合产物纯度高，特别适合于制备一些对透明性和电性能要求高的产品。

本体聚合的体系组成和反应设备是最简单的，但聚合反应却是最难控制的，这是由于本体聚合不加分散介质，聚合反应到一定阶段后，体系黏度大，易产生自动加速现象，聚合反应热也难以导出，因而反应温度难控制，易局部过热。这些轻则造成体系局部过热，使聚合物分子量分布变宽，从而影响产品的机械强度；重则体系温度失控，引起爆聚。在一定程度上限制了本体聚合在工业上的应用。

聚甲基丙烯酸甲酯（PMMA）由于有庞大的侧基存在，为无定形固体，具有高度透明性，密度小，有一定的耐冲击强度与良好的低温性能，是航空工业与光学仪器制造工业的重要原料。以MMA进行本体聚合时为了解决散热，避免自动加速作用而引起的爆聚现象，以及单体转化为聚合物时由于密度不同而引起的体积收缩问题，工业上采用高温预聚合，预聚至约10％转化率的黏稠浆液，然后浇模，分段升温聚合，在低温下进一步聚合，安全度过危险期，最后制得有机玻璃。

【实验仪器及试剂】

甲基丙烯酸甲酯（MMA）	10mL
过氧化二苯甲酰（BPO）	约10mg
50mL锥形瓶	1个
恒温水浴	1套

试管夹	1个
试管	1支

【实验步骤】

1. 预聚合

在50mL锥形瓶中加入10mL MMA及单体质量0.1%的BPO，瓶口用胶塞盖上，用试管夹夹住瓶颈在85～90℃的水浴中不断摇动，进行预聚合约0.5h，注意观察体系的黏度变化，当体系黏度变大，但仍能顺利流动时，结束预聚合。

2. 浇铸灌模

将以上制备的预聚液小心地分别灌入预先干燥的两支试管中，浇灌时注意防止锥形瓶外的水珠滴入。

3. 后聚合

将灌好预聚液的试管口塞上棉花团，放入45～50℃的水浴中反应约20h，注意控制温度不能太高，否则易使产物内部产生气泡。然后再升温至100～105℃反应2～3h，使单体转化完全完成聚合。

取出所得有机玻璃棒，观察其透明性，是否有气泡。

【实验注意事项】

1. 聚合反应应防止杂质混入反应体系，影响聚合反应。灌模时预聚物中如有气泡，应设法排出。

2. 高温聚合反应结束后，应自然降温至40℃以下，再取出模具进行脱模，以避免骤然降温造成模板和聚合物的破裂。

【思考题】

1. 在合成有机玻璃时，为什么采用预聚制浆？

预聚合有几个好处，一是缩短聚合反应的诱导期并使"凝胶效应"提前到来，以便在灌模前移出较多的聚合热，以利于保证产品质量；二是可以减少聚合时的体积收缩，因MMA由单体变成聚合体体积要缩小20%～22%，通过预聚合可使收缩率小于12%，另外浆液黏度大，可减少灌模的渗透损失。

2. 为什么要严格控制不同阶段的反应温度？（经聚合后的浆液为何要在低温下聚合，然后再升温？试用自由基聚合机理解释之。）

MMA在本体聚合中的突出特点是有"凝胶效应"，由于本体聚合没有稀释剂存在，聚合热的排散比较困难，"凝胶效应"放出大量反应热，使产品含有气泡影响其光学性能。因此在生产中要通过严格控制聚合温度来控制聚合反应速率，以保证有机玻璃产品的质量。

3. 试分析产物出现气泡的原因？

4. MMA单体密度为940kg/m³，聚合物密度为1190kg/m³，计算聚合后体积的收缩百分率。

5. 进行本体浇铸聚合时，如果预聚阶段单体转化率偏低会产生什么后果？

实验2 苯乙烯悬浮聚合
——苯乙烯珠状聚合

【实验目的】

1. 通过实验掌握悬浮聚合的实施方法，了解配方中各组分的作用。

2. 通过对聚合物颗粒均匀性和大小的控制，了解分散剂、升温速度、搅拌桨型、搅拌速度等对悬浮聚合的重要性。

【实验原理】

苯乙烯（St）通过聚合反应生成如下聚合物。反应式如下：

$$n\ \text{—CH=CH}_2 \longrightarrow \text{—CH—CH}_2\text{—}_n$$

工业上用悬浮聚合生产的聚苯乙烯是一种透明无定形热塑性高分子材料；其分子量分布较宽；由于流动性能好而适于模压注射成型；其制品有较高的透明度、良好的耐热性和电绝缘性。

悬浮聚合是由烯类单体制备高聚物的重要方法之一。由于水为分散介质，聚合热可以迅速排除，因而反应温度容易控制；生产工艺简单；制成的成品呈均匀的颗粒状，故又称为珠状聚合；产品不经造粒即可直接成型加工。实验要求聚合物体具有一定的粒度。粒度的大小通过调节悬浮聚合的条件来实现。

悬浮聚合实质上是借助于较强烈的搅拌和悬浮剂的作用，将单体分散在单体不溶的介质中，单体以小液滴的形式进行本体聚合；在每个小液滴内，单体的聚合过程与本体聚合相似。若所生成的聚合物溶于单体，则得到的产物通常为透明、圆滑的小圆珠；若所生成的聚合物不溶于单体，则通常得到的是不透明、不规整的小粒子。

悬浮聚合反应的优点是由于有水作为分散介质，因而导热容易，聚合反应易控制，单体小液滴在聚合反应后转变为固体小珠，产物易分离处理，不需要额外的造粒工艺，缺点是聚合物包含的少量分散剂难以除去，可能影响到聚合物的透明性、老化性能等，此外，聚合反应用水的后处理也是必须考虑的问题。

其主要组分有四种：单体，分散介质（水），悬浮剂，引发剂。

（1）单体 单体不溶于水，如苯乙烯（styrene）、醋酸乙烯酯、甲基丙烯酸酯（methyl methacrylate）等。

（2）分散介质 分散介质大多为水，作为热传导介质。

（3）悬浮剂 调节聚合体系的表面张力、黏度，避免单体液滴在水相中黏结。

① 水溶性高分子，如天然物：明胶，淀粉；合成物：聚乙烯醇（PVA）等。

② 难溶性无机物，如：$BaSO_4$，$BaCO_3$，$CaCO_3$，滑石粉，黏土等。

③ 可溶性电介质：NaCl，KCl，Na_2SO_4 等。

（4）引发剂 主要为油溶性引发剂，如：过氧化二苯甲酰（benzoyl peroxide，

BPO），偶氮二异丁腈（azobisisobutyronitrile，AIBN）等。

本实验采用苯乙烯为单体、过氧化苯甲酰（BPO）为引发剂、聚乙烯醇为悬浮剂、水为介质，按自由基历程进行悬浮聚合。

【实验仪器及试剂】

1. 仪器：聚合装置如图 1 所示，包括表面皿、吸管、移液管、搅拌马达、水浴、布氏漏斗。

图 1 聚合装置图

2. 配方如表 1 所示。

表 1 配方

组　　分	试　　剂	规　　格	加　料　量
单　体	苯乙烯	＞99.5％	16mL
分散剂	聚乙烯醇(1.5％)	DP＝1750±50	20mL
引发剂	BPO	精制	0.3g
介　质	水	无离子水	130mL

【实验步骤】

按图 1 安装好实验装置，为保证搅拌速度均匀，整套装置安装要规范。尤其是搅拌器安装后，用手转动应阻力小，转动轻松自如。

用分析天平准确称取 0.3g BPO（用分析天平）放于 100mL 锥形瓶中。再用移液管按配方量取苯乙烯，加入锥形瓶中。轻轻振动，待 BPO 完全溶解于苯乙烯后将溶液加入三口瓶中。再加入 20mL 1.5％的聚乙烯醇溶液。最后用 130mL 无离子水分别冲洗锥形瓶和量筒后加入三口瓶中。

通冷凝水，启动搅拌器并控制在一恒定转速，在 20～30min 内将温度升至 85～90℃，开始聚合反应。

在整个过程中除了要控制好反应温度外，关键是要控制好搅拌速度。尤其是反应一个多小时以后，体系中分散的颗粒变得发黏（为什么？），这时搅拌速度如果忽快忽慢或者停止都会导致颗粒粘在一起，或粘在搅拌器形成结块，致使反应失败。所以反应中一定要控制好搅拌速度。可在反应后期将温度升至反应温度上限，以加快反应，提高转化率。

反应 1.5～2h 后，可用吸管吸取少量颗粒于表面皿中进行观察，如颗粒变硬发脆，可结束反应。

停止加热，撤出加热器，一边搅拌以便用冷水将聚合体系冷却至室温（为什么？）。停止搅拌，取下三口瓶。产品用布氏漏斗滤干，并用热水洗数次（为什么？）。最后产品在鼓风干燥箱烘干（50℃），称重并计算产率。

【思考题】

1. 结合悬浮聚合的理论，说明配方中各种组分的作用。如改为苯乙烯的本体聚合或乳液聚合，此配方需做哪些改动，为什么？

2. 分散剂作用原理是什么？如何确定用量，改变用量会产生什么影响？如不用聚乙烯醇，可用什么别的代替？

3. 悬浮聚合对单体有何要求？聚合前单体应如何处理？

4. 根据实验体会，结合聚合反应机理，你认为在悬浮聚合的操作中，应特别注意哪些问题？

5. 悬浮聚合反应中影响分子量及分子量分布的主要因素是什么？

6. 在悬浮聚合反应中期易出现珠粒黏结，这是什么原因引起的？应如何避免？

【可替换项目】：甲基丙烯酸甲酯的悬浮聚合

【实验仪器及试剂】

甲基丙烯酸甲酯（MMA）	10mL
过氧化苯甲酰（BPO）	0.07g
蒸馏水	60mL
1%聚乙烯醇水溶液	20mL
装有搅拌器、冷凝管、温度计的三颈瓶	1套
恒温水浴	1套
10mL、100mL 量筒	各1支
抽滤装置	1套

【实验步骤】

在装有搅拌器、冷凝管、温度计的三颈瓶中依次加入 2mL 1%的聚乙烯醇水溶液、40mL 水，搅拌加热（注意温度不要超过 70℃），加入预先已溶解引发剂的甲基丙烯酸甲酯 10mL，再用剩余的 20mL 水分两次洗涤盛单体的容器，并倒入三颈瓶内，加料完毕后升温至 70℃，小心调节搅拌速度，观察单体液滴大小，调至合适液滴大小后，保持搅拌速度恒定，将反应温度升至（78±2）℃，反应约1.5h后，用滴管吸取少量珠状物，冷却后观察是否变硬，若变硬，可减慢或停止搅拌，若珠状物全部沉积，可在缓慢搅拌下升温至85℃继续反应1h，以使单体反应完全。停止反应，将产物抽滤，聚合物珠粒用水反复洗涤几次后，置于表面皿中自然风干，观察聚合物珠粒形状，称重，计算产率。

实验3 醋酸乙烯酯乳液聚合
——白乳胶的制备

【实验目的】

1. 了解乳液聚合的特点、配方及各组分所起作用。
2. 掌握聚醋酸乙烯酯胶乳的制备方法及用途。

【实验原理】

单体在水相介质中，由乳化剂分散成乳液状态进行的聚合，称乳液聚合。其主要成分是单体、水、引发剂和乳化剂。引发剂常采用水溶性引发剂。乳化剂是乳液聚合的重要组分，它可以使互不相溶的油-水两相，转变为相当稳定难以分层的乳浊液。乳化剂分子一般由亲水的极性基团和疏水的非极性基团构成，根据极性基团的性质可以将乳化剂分为阳离子型、阴离子型、两性和非离子型四类。当乳化剂分子在水相中达到一定浓度，即到达临界胶束浓度（CMC）值后，体系开始出现胶束。胶束是乳液聚合的主要场所，发生聚合后的胶束被称为乳胶粒。随着反应的进行，乳胶粒数不断增加，胶束消失，乳胶粒数恒定，由单体液滴提供单体在乳胶粒内进行反应。此时，由于乳胶粒内单体浓度恒定，聚合速率恒定。到单体液滴消失后，随乳胶粒内单体浓度的减少而速率下降。

乳液聚合的反应机理不同于一般的自由基聚合，其聚合速率及聚合度可表示如下：

$$R_p = \frac{10^3 N k_p [M]}{2 N_A}$$

$$X_n = \frac{N k_p [M]}{R_t}$$

式中，N 为乳胶粒数；N_A 是阿伏伽德罗常数。由此可见，聚合速率与引发速率无关，而取决于乳胶粒数。乳胶粒数的多少与乳化剂浓度有关。增加乳化剂浓度，即增加乳胶粒数，可以同时提高聚合速度和分子量。而在本体、溶液和悬浮聚合中，使聚合速率提高的一些因素，往往使分子量降低。所以乳液聚合具有聚合速率快、分子量高的优点。乳液聚合在工业生产中的应用也非常广泛。

醋酸乙烯酯（VAc）的乳液聚合机理与一般乳液聚合相同。采用水溶性的过硫酸盐为引发剂，为使反应平稳进行，单体和引发剂均需分批加入。聚合中常用的乳化剂是聚乙烯醇（PVA）。实验中还常采用两种乳化剂合并使用，其乳化效果和稳定性比单独使用一种好。本实验采用 PVA-1788 和 OP-10 两种乳化剂。

聚醋酸乙烯酯（PVAc）乳胶漆具有水基漆的优点，黏度小，分子量较大，不用易燃的有机溶剂。作为黏合剂时（俗称白胶），木材、织物和纸张均可使用。

1. 链的引发

$$NH_4-O-\overset{\displaystyle O}{\underset{\displaystyle O}{S}}-O-O-\overset{\displaystyle O}{\underset{\displaystyle O}{S}}-O-NH_4 \longrightarrow 2NH_4-O-\overset{\displaystyle O}{\underset{\displaystyle O}{S}}-O\cdot$$

$$NH_4-O-\overset{\displaystyle O}{\underset{\displaystyle O}{S}}-O\cdot + CH_2=\underset{\displaystyle \underset{\displaystyle C=O}{\underset{\displaystyle CH_3}{|}}{\overset{\displaystyle |}{CH}}} \longrightarrow NH_4-O-\overset{\displaystyle O}{\underset{\displaystyle O}{S}}-O-CH_2-\underset{\displaystyle \underset{\displaystyle C=O}{\underset{\displaystyle CH_3}{|}}{\overset{\displaystyle |}{\dot{C}H}}}$$

2. 链的增长

$$NH_4-O-\overset{\displaystyle O}{\underset{\displaystyle O}{S}}-O-CH_2-\overset{\cdot}{\underset{\displaystyle \underset{\displaystyle C=O}{CH_3}}{CH}} + n CH_2=\underset{\displaystyle \underset{\displaystyle C=O}{CH_3}}{CH} \longrightarrow$$

$$NH_4-O-\overset{\displaystyle O}{\underset{\displaystyle O}{S}}-O-[CH_2-\underset{\displaystyle \underset{\displaystyle C=O}{CH_3}}{CH}]_n-CH_2-\overset{\cdot}{\underset{\displaystyle \underset{\displaystyle C=O}{CH_3}}{CH}}$$

3. 链的终止

$$\cdots\cdots CH_2-\overset{\cdot}{\underset{\displaystyle C=O}{CH}} + \overset{\cdot}{\underset{\displaystyle C=O}{CH}}-CH_2\cdots \longrightarrow \cdots\cdots CH_2-\underset{\displaystyle C=O}{CH}-\overset{H_2}{\underset{\displaystyle C=O}{C}}\cdots$$
（侧链 CH_3）

$$\cdots\cdots CH_2-\overset{\cdot}{\underset{\displaystyle C=O}{CH}} + \overset{\cdot}{\underset{\displaystyle C=O}{CH}}-CH_2\cdots\cdots \longrightarrow \cdots\cdots CH_2-\overset{H_2}{\underset{\displaystyle C=O}{C}}\cdots\cdots + \cdots\cdots \underset{\displaystyle C=O}{CH}=CH\cdots\cdots$$
（侧链 CH_3）

【实验仪器及设备】

四口瓶（250mL）、滴液漏斗（125mL）、球形冷凝器（30cm）、温度计（100℃）、搅拌封、搅拌马达、搅拌器（桨式）、水浴锅。

【实验试剂】

醋酸乙烯（工业品34g）、聚乙烯醇（醇解度88％的10％水溶液37.5g）、过硫酸铵（化学纯0.1g）、蒸馏水（44mL）、OP-10 0.3g。

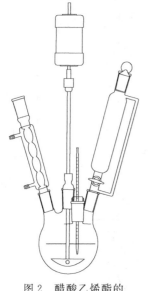

图2　醋酸乙烯酯的乳液聚合装置

【实验步骤】

1. 如图2安装仪器。

2. 在四口瓶中加入聚乙烯醇的10％水溶液37.5g、乳化剂OP-10 0.3g、蒸馏水44g。

3. 开动搅拌，用水浴加热至65℃，加入第一批引发剂（将0.1g引发剂溶于3mL蒸馏水中加入1mL），待完全溶解后用滴液漏斗滴加醋酸乙烯，调节滴加速度先慢后快，温度慢慢升至70℃，在（70±1）℃反应；1h后加入第二批引发剂1mL；再过1h后加入第三批引发剂1mL，在2h内将34g单体加完。

4. 在70～72℃保温10min，缓慢升温到75℃，保持10min，再缓慢升温至78℃，保持10min，再缓慢升温至80℃，保持10min。

5. 撤掉水浴，自然冷却到40℃，停止搅拌，出料。

6. 测固含量：取2g乳浊液（精确到0.002g）置于烘至恒重的玻璃表皿上，放于100℃烘箱中烘至恒重计算固含量（约4h）。

$$固含量 = \frac{干燥后样品重}{干燥前样品重} \times 100\%$$

$$转化率 = \frac{固含量 \times 产品量 - 聚乙烯醇量}{单体重量} \times 100\%$$

注：配制10％聚乙烯醇水溶液的方法为将3.75g醇解度为88％的聚乙烯醇溶解在34mL水中，最好先浸泡一段时间，然后在沸水中完全溶解。

【实验注意事项】

1. 按要求严格控制滴加速度，如果开始阶段滴加过快，乳液中出现块状物，使实验失败。

2. 严格控制搅拌速度，否则将使料液乳化不完全。

3. 滴加单体时，温度控制在（70±1）℃，温度过高使单体损失。

【思考题】

1. 比较乳液聚合、溶液聚合、悬浮聚合和本体聚合的特点及其优缺点。

2. 在乳液聚合过程中，乳化剂的作用是什么？
3. 本实验操作应注意哪些问题？

实验 4 醋酸乙烯酯的溶液聚合

【实验目的】

掌握溶液聚合的特点，增强对溶液聚合的感性认识，同时通过实验了解聚醋酸乙烯酯的聚合特点。

【实验原理】

溶液聚合一般具有反应均匀、聚合热易散发、反应速度及温度易控制、分子量分布均匀等优点。在聚合过程中存在向溶剂链转移的反应，使产物分子量降低。因此，在选择溶剂时必须注意溶剂的活性大小。各种溶剂的链转移常数变动很大，水为零，苯较小，卤代烃较大。一般根据聚合物分子量的要求选择合适的溶剂。另外还要注意溶剂对聚合物的溶解性能，选用良溶剂时，反应为均相聚合，可以消除凝胶效应，遵循正常的自由基动力学规律。选用沉淀剂时，则成为沉淀聚合，凝胶效应显著。产生凝胶效应时，反应自动加速，分子量增大，劣溶剂的影响介于其间，影响程度随溶剂的优劣程度和浓度而定。

本实验以甲醇为溶剂进行醋酸乙烯酯的溶液聚合。根据反应条件的不同，如温度、引发剂量、溶剂等的不同可得到相对分子质量从 2000 到几万的聚醋酸乙烯酯。聚合时，溶剂回流带走反应热，温度平稳。但由于溶剂引入，大分子自由基和溶剂易发生链转移反应使分子量降低。

聚醋酸乙烯酯适于制造维尼纶纤维，分子量的控制是关键。由于醋酸乙烯酯自由基活性较高，容易发生链转移，反应大部分在醋酸基的甲基处反应，形成链或交联产物。除此之外，还向单体、溶剂等发生链转移反应。所以在选择溶剂时，必须考虑对单体、聚合物、分子量的影响，而选取适当的溶剂。

温度也是一个重要的因素。随温度的升高，反应速度加快，分子量降低，同时引起链转移反应速度增加，所以必须选择适当的反应温度。

【实验仪器】

夹套釜（500mL）、搅拌器、变压器、超级恒温槽、导电表、量筒（10mL、50mL 各 1 只）、冷凝管、温度计（0～100℃）、瓷盘、液封（聚四氟乙烯）、搅拌桨（不锈钢）。

【实验试剂】

醋酸乙烯酯（VAc）（新鲜蒸馏，BP＝73℃，60mL）、甲醇（化学纯，BP＝54～65℃，60mL）、过氧化二碳酸二环己酯（DCPD，重结晶 0.2g）。

【实验步骤】

1. 在装有搅拌器的干燥而洁净的 500mL 夹套釜上，装一球形冷凝管。

2. 将新鲜蒸馏的醋酸乙烯酯 60mL、0.2g DCPD 以及 10mL 甲醇依次加入夹套釜中。在搅拌下加热，使其回流，恒温槽温度控制在 64～65℃（注意不要超过65℃），反应 2h。观察反应情况，当体系很黏稠，聚合物完全粘在搅拌轴上时停止加热，加入 50mL 甲醇，再搅拌 10min，待黏稠物稀释后，停止搅拌。然后，将溶液慢慢倒入盛水的瓷盘中，聚醋酸乙烯酯呈薄膜析出。放置过夜，待膜面不粘手，将其用水反复冲洗，晾干后剪成碎片，留作醇解所用。

【思考题】

1. 溶液聚合的特点及影响因素是什么？

2. 如何选择溶剂，实验中甲醇的作用是什么？

实验 5　苯乙烯的阳离子聚合

【实验目的】

1. 通过实验加深对阳离子聚合的认识。

2. 掌握阳离子聚合的实验操作。

【实验原理】

阳离子聚合反应是由链引发、链增长、链终止和链转移四个基元反应构成。

链引发：
$$C + RH \xrightarrow{k} H^+(CR)^-$$

$$H^+(CR)^- + M \xrightarrow{k_i} HM^+(CR)^-$$

其中 C、RH 和 M 分别为引发剂、助引发剂和单体。

链增长：
$$HM^+(CR)^- + nM \xrightarrow{k_p} HM_nM^+(CR)^-$$

链终止和链转移：
$$HM_nM^+(CR)^- \xrightarrow{k_t} M_{n+1} + H^+(CR)^-$$

$$HM_nM^+(CR)^- + M \xrightarrow{k_{trM}} HM_nM + M^+(CR)^-$$

$$HM_nM^+(CR)^- + S \xrightarrow{k_{trS}} HM_nM + S^+(CR)^-$$

某些单体的阳离子聚合的链增长存在碳正离子的重排反应，绝大多数的阳离子聚合链转移和链终止反应多种多样，使其动力学表达较为复杂。温度、溶剂和反离子对聚合反应影响较为显著。

Lewis 酸是阳离子聚合常用的引发剂，在引发除乙烯基醚类以外单体进行聚合反应时，需要加入助引发剂（如水、醇、酸或氯代烃）。例如，使用水或醇作为助引发剂时，它们与引发剂（BF_3）形成配合物，然后解离出活泼阳离子，引发聚合反应。

阳离子聚合对杂质极为敏感，杂质或加速聚合反应，或对聚合反应起阻碍作用，还能起到链转移或链终止的作用，使聚合物分子量下降。因此，进行离子型聚合，需要精制所用溶剂、单体和其他试剂，还需对聚合系统进行仔细干燥。

本实验以 BF_3/Et_2O 作为引发剂，在苯中进行苯乙烯阳离子聚合。

【实验仪器及试剂】

1. 实验仪器：100mL 三口烧瓶，直形冷凝管，注射器，注射针头，电磁搅拌器，真空系统，通氮系统。

2. 实验试剂：苯乙烯（精制），苯，CaH_2，BF_3/Et_2O，甲醇。

【实验步骤】

1. 溶剂和单体的精制

（1）单体精制：在 100mL 分液漏斗中加入 50mL 苯乙烯单体，用 15mL 的 NaOH 溶液（5%）洗涤两次。用蒸馏水洗涤至中性，分离出的单体置于锥形瓶中，加入无水硫酸钠至液体透明。干燥后的单体进行减压蒸馏，收集 59～60℃/53.3kPa 的馏分，储存在烧瓶中，充氮封存，置于冰箱中。

（2）溶剂苯需进行预处理。400mL 苯用 25mL 浓硫酸洗涤两次以除去噻吩等杂环化合物，用 5% 的 NaOH 溶液 25mL 洗涤一次，再用蒸馏水洗至中性，加入无水硫酸钠干燥待用。

2. 引发剂精制：BF_3/Et_2O 长期放置，颜色会转变成棕色。使用前，在隔绝空气的条件下进行蒸馏，收集馏分。商品 BF_3/Et_2O 溶液中 BF_3 的含量为 46.6%～47.8%，必要时用干燥的苯稀释至适当浓度。

3. 苯乙烯阳离子聚合：苯乙烯阳离子聚合装置（图3）应安装在双排管反应系

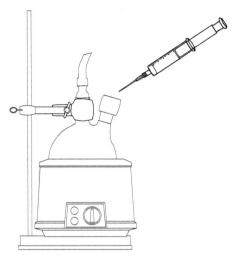

图 3　苯乙烯阳离子聚合装置

统上。

所用玻璃仪器包括注射器、注射针头和磁子在内，预先置于100℃烘箱中干燥过夜。趁热将反应瓶连接到双排管聚合系统上，体系抽真空、通氮气，反复三次，并保持反应体系为正压。分别用50mL和5mL的注射器先后注入25mL苯和3mL苯乙烯，开动电磁搅拌，再加入BF_3/Et_2O溶液0.3mL（质量分数约为0.5%）。控制水浴温度在27~30℃之间，反应4h，得到黏稠的液体。用100mL甲醇沉淀出聚合物，用布氏漏斗过滤，以甲醇洗涤，抽干，于真空烘箱内干燥，称重，计算产率。

实验6　苯乙烯的阴离子聚合

【实验目的】

1. 掌握苯乙烯的阴离子聚合方法。
2. 了解苯乙烯的阴离子聚合反应机理。

【实验原理】

用$n\text{-}C_4H_9Li$催化剂进行苯乙烯阴离子聚合，其链引发和链增长如下。

链引发：链引发是催化剂分子中负离子与单体加成，形成碳阴离子活性中心，引发速率很快，生成苯乙烯阴离子，呈红色。

链增长：引发反应所生成的活性中心，继续与单体加成，形成活性增长链。

该活性链在无水无氧完全不存在任何转移剂情况下是不会终止的，所以阴离子聚合是无终止反应。如果再加入新的苯乙烯单体，链继续增长，黏度很快增大，为"活性"高聚物，其聚合速度可以直接用下式表示：

$$R_p = k_p [M^-][M]$$

式中，[M]为单体浓度；[M$^-$]为活性链浓度，可以用加入的催化剂的浓度表示。

阴离子聚合反应速率比自由基聚合速率大很多，这是由于活性中心的浓度不同所致。在一般情况下，阴离子聚合时高分子活性链的浓度 $[M^-]$ 为 $10^{-2}\sim10^{-3}$ mol/mL，而自由基聚合反应的活性浓度为 $10^{-9}\sim10^{-7}$ mol/mL，所以一般阴离子反应速度比自由基聚合速度大 $10^4\sim10^7$ 倍。

阴离子聚合的活性中心有离子对、自由阴离子或离子对和自由阴离子共同存在。在不同溶剂中存在平衡关系：

$$A^{\ominus}{}^{\oplus}B \Longleftrightarrow A^{\ominus}/{}^{\oplus}B \Longleftrightarrow A^{\ominus}+B^{\oplus}$$

离子对　　　溶剂化离子　　　自由离子

溶剂极性增加 →

极性溶剂有利于自由离子，非极性溶剂则倾向离子对反应，因此溶剂对聚合速度有显著影响。

聚合物的平均聚合度 $\overline{X}_n$ 由单体投料浓度 $[M]$ 和引发剂浓度 $[c]$ 来计算。

$$\overline{X}_n=\frac{[M]}{[c]}$$

如果链增长是通过双阴离子活性中心进行，则

$$\overline{X}_n=\frac{2[M]}{[c]}$$

所得聚合物分子量分布很窄，是单分散性。

链终止：

$$C_4H_9{+\!\!+}CH_2-CH{+\!\!+}_nCH_2-CH^-Li^+ + CH_3OH \longrightarrow C_4H_9{+\!\!+}CH_2-CH{+\!\!+}_nCH_2-CH_2$$

阴离子聚合所制备的聚苯乙烯常用作标样。

【实验仪器及试剂】

苯乙烯、正丁基锂溶液、环己烷、纯氮（99.99%）、3A 分子筛、真空油泵、听诊橡皮管、止血钳、注射器和长针头、氮气流干燥系统。

【实验步骤】

苯乙烯：聚合级，无水氯化钙干燥数天，减压蒸馏，储于棕色瓶中。环己烷：化学纯，分子筛干燥蒸馏。实验前须将无水环己烷和苯乙烯进行脱氧通氮，在氮气保护下，储藏备用。

取大试管一只，配上单孔橡皮塞和短玻璃管及一段听诊橡皮管，接上氮气流干燥系统（图 4）。抽真空通氮，反复三次，以排除试管中的空气，在减压下用止血钳夹住 6 处，用注射器注入 8mL 环己烷和 2mL 苯乙烯，摇匀，用注射器先缓慢注入少量 n-C_4H_9Li，不时摇动，以消除体系中残余杂质，接着加入预先设计计算好的 n-C_4H_9Li 量（按所要产物分子量计算）。此时溶液立即变成红色（为苯乙烯阴离子的颜色），在 50℃浴中加热 30min，取出，注入 0.5mL 甲醇终止反应，红色很快消失。把聚合物溶液在搅拌下加到 50mL 甲醇中使其沉淀，抽滤得白色聚苯乙烯，在 50℃烘箱中烘干，再放在 50℃真空干燥箱中恒重，计算转化率。用凝胶渗

透色谱仪（GPC）测产物的分子量和分子量分布，并与自由基聚合方法得到的聚苯乙烯的 GPC 图相比较。

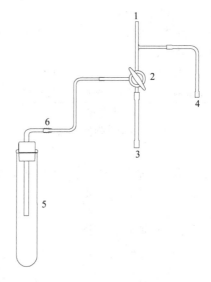

图 4 苯乙烯的阴离子聚合装置图

1—真空压力表；2—三通活塞；3—真空泵；4—氮气流干燥系统；

5—大试管；6—听诊橡皮管

【实验注意事项】

1. 所用仪器必须洁净并绝对干燥。

2. 反应体系必须保持无水无氧。

3. 用 99.99% 的纯氮。

实验 7　聚乙烯醇的制备
——聚醋酸乙烯（PVAc）的醇解

【实验目的】

了解聚醋酸乙烯的醇解反应原理、特点及影响醇解程度的因素。

【实验原理】

在醋酸乙烯的溶液聚合实验中，我们已经说过，聚乙烯醇是不能直接用乙烯醇单体聚合而得。工业上应用的聚乙烯醇是通过聚醋酸乙烯醇解（或水解）这个聚合物的化学反应而得到的。

由于醇解法制得的 PVA 容易精制、纯度较高、产品性能较好，因而目前工业上多采用醇解法。

　　本实验采用以甲醇为醇解剂、NaOH 为催化剂的体系进行醇解反应。为了使实验更适合教学需要，醇解条件比工业上要来得缓和。

　　PVAc 和 NaOH-CH_3OH 溶液中的醇解反应，主要按下列反应进行。

$$\text{—}[CH_2\text{—}CH]_{\overline{n}} + nCH_3OH \xrightarrow{NaOH} \text{—}[CH_2\text{—}CH]_{\overline{n}} + nCH_3COOCH_3$$
$$\qquad\quad |\qquad\qquad\qquad\qquad\qquad\qquad\qquad |$$
$$\qquad OCOCH_3 \qquad\qquad\qquad\qquad\qquad\quad OH$$

　　在主反应中，NaOH 仅起催化剂的作用，但 NaOH 还可以参加以下两个副反应：

$$CH_3COOCH_3 + NaOH \longrightarrow CH_3COONa + CH_3OH$$
$$\text{—}[CH_2\text{—}CH]_{\overline{n}} + nNaOH \longrightarrow \text{—}[CH_2\text{—}CH]_{\overline{n}} + nCH_3COONa$$
$$\qquad\quad |\qquad\qquad\qquad\qquad\qquad\qquad\qquad\qquad |$$
$$\qquad OCOCH_3 \qquad\qquad\qquad\qquad\qquad\qquad\quad OH$$

　　这两个副反应在含水量较大情况下，就会显著地进行。它们消耗了大量的 NaOH，从而降低了对主反应的催化效能，使醇解反应进行不完全，影响 PVA 的着色，降低了产品质量。因而为了尽量避免这种副反应，对物料中的含水量应有严格的要求，一般控制在 5% 以下。

　　从反应方程式可以看出，醇解反应实际上是甲醇与 PVAc 进行的酯交换反应。这种使高聚物结构发生改变的化学反应，在高分子化学中叫做高分子化学反应。

　　PVAc 的醇解反应（又称酯交换反应）的机理和低分子酯与醇之间的交换反应很相似。

　　在 PVAc 醇解反应中，由于生成的 PVA 不溶于甲醇中，所以呈絮状物析出。用作纤维的 PVA，残留醋酸根含量控制在 ≤0.2%（醇解度为 99.8%）。为了满足这个要求，就要选择合适的工艺条件。

　　1. 甲醇的用量：甲醇的用量即 PVAc 的浓度对醇解反应影响很大。实践证明，其他条件不变时，醇解度随聚合物浓度的提高而降低，但若聚合物浓度太低，则溶剂用量大，溶剂的损失和回收工作量大，所以工业生产上选择聚合物浓度为 22%。

2. NaOH用量：目前工厂中NaOH用量为PVAc的0.12倍，亦即NaOH：PVAc＝0.12：1（摩尔比）。实验证明：碱用量过高，对醇解速度，醇解度影响不大，反而增加体系中醋酸钠含量，影响产品质量。

3. 醇解温度：提高反应温度会加速醇解反应进行，缩短反应时间，但由于温度提高，伴随醇解反应的副反应也相应加速，这样一方面碱的消耗量增加使PVA中残存的醋酸根量增加，由于体系内醋酸根的增加，影响了产品的质量，因此目前工业上采用醇解温度为45～48℃。

4. 当我们考虑各种因素的影响时，要牢记醇解的特点，即PVAc是溶于甲醇的，而PVA是不溶于甲醇的，这中间有个相变。各种不同的条件对相变发生的迟早，相变前后醇解进行的多、少、难、易都直接影响到PVA中的醋酸根含量，即影响醇解度的大小。在实验室中，醇解进行好坏的关键，在于体系内刚刚出现胶冻时，必须采用强烈的搅拌，将胶冻打碎，才能保证醇解较完全地进行。

工业上PVA绝大多数用于制备维尼纶纤维，也可用于苯乙烯、氯乙烯等悬浮聚合中的悬浮剂。市场出售的合成糨糊，就是以PVA为原料而制成的（将所得的PVA进一步与甲醛反应制成聚乙烯醇缩甲醛——胶水）。

【实验仪器及试剂】

三口瓶、电动搅拌器、温度计、恒温水浴、抽滤装置、聚醋酸乙烯（自制）、无水甲醇、氢氧化钠。

【实验步骤】

在装有搅拌器（搅拌叶为弹簧式）和冷凝管的250mL三颈瓶中，加入90mL无水甲醇，并在搅拌下慢慢加入剪成碎片的PVAc 15g（自制），加热搅拌使其溶解①。将溶液冷却到30℃加3mL 3％ NaOH-CH$_3$OH溶液，水浴温度控制在32℃，进行醇解。当体系中出现胶冻立即强烈地搅拌②，继续搅拌0.5h，打碎胶冻，再加入4.5mL 3％ NaOH-CH$_3$OH溶液，水浴温度在32℃保持0.5h。然后升温到62℃，再反应1h，将生成的PVA抽滤、压干，并进行干燥。

【实验注意事项】

① 溶解PVAc时要先加甲醇，在搅拌下慢慢将PVAc碎片加入，不然会粘成团，影响溶解。

② 搅拌的好坏是本实验成败的关键。PVA和PVAc性质不同，PVA是不溶于甲醇的，随醇解反应的进行，PVAc大分子上的乙酸基（CH$_3$COO—）逐渐被羟基（—OH）所取代。当醇解度达到60％时，这个大分子就要从溶解状态变成不溶解状态，这时体系的外观也要发生突变：会出现一团胶冻，这是实验中要重点观察的，此时，要强烈搅拌，把胶冻打碎，才能使醇解反应进行完全，不然，胶冻内包住的PVAc并未醇解完全，使实验失败。所以搅拌要安装牢固，搅拌叶用弹簧式。在实验中要注意观察现象，一旦胶冻出现，要及时提高搅拌速度。

【思考题】

1. 为什么会出现胶冻现象？对醇解有什么影响？

2. PVA 制备中影响醇解度的因素是什么？实验中要控制哪些条件才能获得较高的醇解度？

3. 如果 PVAc 干燥不透，仍含有未反应的单体和水时，试分析在醇解过程中会发生什么现象？

实验 8　聚乙烯醇缩甲醛的制备
——红旗牌胶水的制备

【实验目的】

了解聚乙烯醇缩甲醛化学反应的原理，并制备红旗牌胶水。

【实验原理】

聚乙烯醇缩甲醛是利用聚乙烯醇与甲醛在盐酸催化作用下而制得的，其反应如下：

$$\sim\!\!\sim\!CH_2\!-\!CH\!-\!CH_2\!-\!CH\!\sim\!\!\sim \ +HCHO \xrightarrow{HCl} \sim\!\!\sim\!CH_2\!-\!CH\!-\!CH_2\!-\!CH\!\sim\!\!\sim \ +H_2O$$

$$\underset{OH}{|}\qquad\underset{OH}{|}\qquad\qquad\qquad\underset{O\!-\!CH_2\!-\!O}{|\qquad\qquad|}$$

（聚乙烯醇）　　　　　　　　　　　　（聚乙烯醇缩甲醛）

聚乙烯醇缩醛化机理

$$HCHO+H^+ \longrightarrow CH_2OH^{\oplus}$$

$$\sim\!\!\sim\!CH_2\!-\!CH\!-\!CH_2\!-\!CH\!\sim\!\!\sim \ +CH_2OH^{\oplus} \underset{极慢}{\overset{缓慢}{\rightleftharpoons}} \sim\!\!\sim\!CH_2\!-\!CH\!-\!CH_2\!-\!CH\!\sim\!\!\sim \ +H_2O$$

$$\underset{OH}{|}\qquad\underset{OH}{|}\qquad\qquad\qquad\qquad\underset{OCH_2^{\oplus}}{|}\qquad\underset{OH}{|}$$

聚乙烯醇是水溶性的高聚物，如果用甲醛将它进行部分缩醛化，随着缩醛度的增加，水溶液愈差，作为维尼纶纤维用的聚乙烯醇缩甲醛其缩醛度控制在 35% 左右，它不溶于水，是性能优良的合成纤维。维尼纶简称维纶，强度是棉花的 1.5～2.0 倍，吸湿性 5%，接近天然纤维，又称"合成棉花"。

本实验是合成水溶性的聚乙烯醇缩甲醛，即红旗牌胶水。反应过程中需要控制较低的缩醛度以保持产物的水溶性，若反应过于猛烈，则会造成局部缩醛度过高，导致不溶于水的物质存在，影响胶水质量。因此在反应过程中，特别注意要严格控制催化剂用量、反应温度、反应时间及反应物比例等因素。

聚乙烯醇缩甲醛随缩醛化程度的不同，性质和用途各有所不同，它能溶于甲酸、乙酸、二氧六环、氯化烃（二氯乙烷、氯仿、二氯甲烷）、乙醇-甲苯混合物（30：70）、乙醇-甲苯混合物（40：60）以及 60% 的含水乙醇中。缩醛度为 75%～

85%的聚乙烯醇缩甲醛重要的用途是制造绝缘漆和黏合剂。

【实验仪器及试剂】

三口瓶、搅拌器、温度计、恒温水浴、聚乙烯醇、甲醛（40%）、盐酸、氢氧化钠。

【实验步骤】

在250mL三颈瓶中，加入90mL去离子水（或蒸馏水）、7g聚乙烯醇（自制），在搅拌下升温溶解。

等聚乙烯醇完全溶解后，于90℃左右加入4.6mL甲醛（40%工业纯），搅拌15min，再加入1∶4盐酸，使溶液pH值为1～3。保持反应温度90℃左右，继续搅拌，反应体系逐渐变稠，当体系中出现气泡或有絮状物产生时，立即迅速加入1.5mL 8%的NaOH溶液，同时加入34mL去离子水（或蒸馏水）。调节体系的pH值为8～9。然后冷却降温出料，获得无色透明黏稠的液体，即市场出售的红旗牌胶水。

【思考题】

1. 试讨论缩醛化反应机理及催化剂的作用。

2. 为什么缩醛度增加，水溶性下降，当达到一定的缩醛度以后，产物完全不溶于水？

3. 产物最终为什么要把pH调到8～9？试讨论缩醛对酸和碱的稳定性。

实验9 环氧氯丙烷交联淀粉的制备

【实验目的】

1. 通过交联淀粉的制备来掌握高分子交联反应中的一些基本操作技术。

2. 通过交联淀粉的制备来了解天然高分子交联改性反应的特点以及产品的性质。

【实验原理】

交联淀粉是含有两个或两个以上官能团的化学试剂，即交联剂（如甲醛、环氧氯丙烷等）同淀粉分子的羟基作用生成的衍生物。颗粒中淀粉分子间由氢键结合成颗粒结构，在热水中受热，氢键强度减弱，颗粒吸水膨胀，黏度上升，达到最高值，表示膨胀颗粒已经达到了最大的水合作用。继续加热氢键破裂，颗粒破裂，黏度下降。交联化学键的强度远高于氢键，能增强颗粒结构的强度，抑制颗粒膨胀、破裂和黏度下降。

交联淀粉的生产工艺主要取决于交联剂，大多数反应在悬浮液中进行，反应控制温度30～35℃，介质为碱性。在碱性介质下，以环氧氯丙烷为交联剂制备交联淀粉的反应式如图 5 所示。

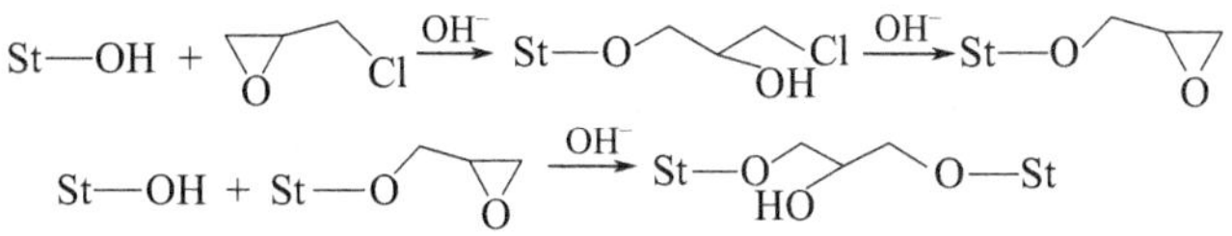

图 5　以环氧氯丙烷为交联剂制取交联淀粉（St 代表淀粉）

交联淀粉主要性能体现在其耐酸、耐碱性和耐剪切力，冷冻稳定性和冻融稳定性好，并且具有糊化温度高、膨胀性小、黏度大和耐高温等性质。随交联程度增加，淀粉分子间交联化学键数量增加。约 100 个 AGU（脱水葡萄糖单元）有一个交联键时，则交联完全抑制颗粒在沸水中膨胀，不糊化。交联淀粉的许多性能优于淀粉。交联淀粉提高了糊化温度和黏度，比淀粉糊稳定程度有很大提高。淀粉糊黏度受剪切力影响降低很多，而经低度交联便能提高稳定性。交联淀粉的抗酸、碱的稳定性也大大优于淀粉。近几年研究很多的水不溶性淀粉基吸附剂通常是用环氧氯丙烷交联淀粉为原料来制备的。

本实验以环氧氯丙烷为交联剂，在碱性介质下制备交联玉米淀粉，通过沉降法测定交联淀粉的交联度。

【实验仪器及试剂】

1. 仪器：三口瓶、磨口冷凝管、温度计、烧杯、PHS225 型 pH 计、磁力加热搅拌器、超级恒温水浴、电子天平、移液管、精密电动搅拌器、循环水式真空泵、离心机。

2. 试剂：玉米淀粉、无水乙醇、氯化钠、环氧氯丙烷、氢氧化钠、盐酸。

【实验步骤】

1. 25g 玉米淀粉配成 40%的淀粉乳液，放入三口烧瓶中，加入 3g NaCl，开始用机械搅拌器以 60r/min 的速度搅拌，混合均匀后，用 1mol/L 的 NaOH 调节 pH 至 10.0，加入 10mL 环氧氯丙烷，于 30℃下反应 3h，即得交联淀粉。

2. 用 2%的盐酸调节 pH6.0～6.8，得中性溶液，过滤，分别以水、乙醇洗涤，干燥。

3. 交联度的测定：准确称取 0.5g 绝干样品于 100mL 烧杯中，用移液管加 25mL 蒸馏水制成 2%浓度的淀粉溶液。将烧杯置于 82～85℃水浴中，稍加搅拌，保温 2min，取出冷却至室温。用 2 支刻度离心管分别倒入 10mL 糊液，对称装入离心沉降机内，开动沉降机，缓慢加速至 4000r/min。用秒表计时，运转 2min，停转。取出离心管，将上清液倒入另 1 支同样体积的离心管中，读出的体积（mL）即为沉降积。对同一样品进行两次平行测定。

【思考题】

1. 反应混合液中所添加的氯化钠起什么作用？

2. 思考交联淀粉其他可能的表征方法。

实验 10 PET 的醇解反应

【实验目的】

1. 了解 PET 的醇解技术。
2. 掌握乙二醇醇解 PET 的方法及技术关键。

【实验原理】

将废弃的 PET 再生利用，不但可以减少环境污染，而且可以变废为宝。目前，废弃 PET 的回收方法以物理回收法为主，即机械回收法和热熔法，但这些方法会导致材料的力学性能下降，不宜制作高档产品。化学方法包括化学改进法和化学降解法，但难于保证产品的纯度。由于回收技术尚不成熟的原因，回收的 PET 材料在用途上也受到了很大限制。

聚对苯二甲酸乙二醇酯（PET 或简称聚酯）主要用于生产纤维、聚酯瓶、薄膜等。废聚酯的来源主要有两部分：第一部分是生产加工过程中产生的废料、边角料；第二部分则是废弃的聚酯包装，如聚酯瓶、聚酯薄膜等。第一种废聚酯较干净，可直接再利用；第二种废料往往带有污染物，必须经过分离先除去。废聚酯的回收方法分为物理回收法和化学回收法。化学回收法就是将固态的聚合物材料解聚，使其转化为较小的分子、中间原料或是直接转化为单体。对于聚酯来说，化学回收法可使聚酯链断裂成低相对分子质量的对苯二甲酸乙二醇酯（BHET）中间体或是完全降解为精对苯二甲酸（PTA）。由于食品领域不允许使用物理回收法回收的废聚酯，对废聚酯的化学回收法的研究就显得非常重要，只有开发经济实用的化学回收技术，才能有效促进这种树脂的再利用。

废聚酯的化学回收方法主要有以下几种：甲醇醇解法、水解法、糖醇解法和乙二醇醇解法。

（1）甲醇醇解法 甲醇醇解法的原理是利用废聚酯与甲醇反应，得到对苯二甲酸二甲酯和乙二醇。对苯二甲酸二甲酯可转化为对苯二甲酸或直接用作聚酯原料。甲醇醇解法的化学反应是对苯二甲酸二甲酯与乙二醇发生酯交换反应生成聚酯的逆反应。

传统的甲醇醇解工艺尽管解聚反应比较简单，但产品的提纯却很复杂。如果用于解聚的聚酯质量低，就必须对甲醇、乙二醇和对苯二甲酸二甲酯的混合物进行分离。如果聚酯片中还有共聚单体，分离的难度就相应增加。有一些工艺将醇解后的产物以蒸气的形式而不是液体的形式从反应器中取出。

（2）水解法 水解法的原理是聚酯同水反应，将聚酯降解为对苯二甲酸和乙二醇。当温度高于 100 ℃时，聚酯会发生水解，水解速度随温度的上升而加快。但要使聚酯深度水解得到高纯度对苯二甲酸和乙二醇，其水解须在酸碱催化或高温高压条件下进行。

（3）糖醇解法　糖醇解法的原理是利用聚酯与乙醇醛缩二乙醇反应生成多羟基化合物。该法以醋酸锌作催化剂，将聚酯废料、乙醇醛缩二乙醇、催化剂放入一个装有搅拌器、回流浓缩器的四颈树脂反应瓶中，并插入温度计，然后导入氮气，在 150℃ 左右进行反应，反应进行 1h。在该温度下聚酯被溶解。将温度继续升高至 190℃，并保持该温度直至反应完成，反应产物经冷却得到多羟基化合物。

目前，乙二醇降解法的工艺条件趋于成熟，Goodyear、Hoechst、Du Pont 等公司已经实现了商业化装置的运转。Noiman 等于 1999 年申请了循环处理 PET、聚萘二甲酸乙二醇酯（PEN）的专利。用物料比为 9～12mol 乙二醇/1mol 聚酯在乙二醇的沸点和常压下进行解聚反应，并加入质量分数为 0.05％～1.0％ 的催化剂，如醋酸锌等，反应时间为 3～8h。反应后的混合物在 70～100℃，过滤后加入定量的冷的乙二醇，使滤液冷却至 0～25℃ 得到粗的晶体，再加 50～100℃ 蒸馏水溶解晶体，并加入质量分数为 1％～10％ 的活性炭，过滤后干燥得到纯的对苯二甲酸乙二酯（BHET）或萘二甲酸二乙醇酯（BHEN），可直接作为原料生产纯的 PET、PEN。该专利能循环各种废旧聚酯，包括纤维、包装材料以及混有聚氯乙烯（PVC）等杂质的聚酯，产品的回收率超过 80％，纯度与化学品相当。

【实验仪器及试剂】

乙二醇（分析纯）、NaOH 溶液、醋酸锌、CL-2 磁力搅拌电热套、三颈烧瓶、烧杯、水银温度计、冷凝管、JJ-6 数显直流恒速搅拌器、85-2 控温磁力搅拌器、SHB 循环水式多用真空泵、DHG-9245 电热鼓风干燥箱、矿泉水瓶、剪刀。

【实验步骤】

1. 将 PET 矿泉水瓶用剪刀剪成 0.3cm×0.3cm 的碎片。

2. 称取 20g PET 碎片于大烧杯中，加入 200mL 水及 20mL NaOH 溶液，在控温磁力搅拌器上加热 1h，温度为 80℃。目的是为了软化 PET。

3. 将软化后的 PET 置于烘箱中烘干。

4. 按一定物料配比将废聚酯（PET）片 20g、乙二醇 60mL、醋酸锌 0.2g 加入圆底三颈瓶中。

5. 接上冷凝管、搅拌器、温度计，用电热套加热，在 196～198℃ 之间（乙二醇的沸程）反应 3～4h。

6. 反应结束后，将产物倒入冷却水中，冷却后，经抽滤、洗涤、干燥，即得乙二醇的降解产物。

7. 乙二醇的降解产物为白色粉末状物质。

【文献结论】

　　废聚酯（PET）的醇解程度受温度、原料配比、醇解时间、催化剂用量等多种因素影响。PET 完全醇解的适宜条件为：温度 196～198℃，乙二醇质量：PET 质量＝2，醇解时间 3～3.5h，催化剂醋酸锌用量占 PET 质量的 1％。

【知识扩展】

　　聚对苯二甲酸乙二酯（PET）是由对苯二甲酸和乙二醇聚合而成，发明于 1944 年，1949 年英国 ICI 公司成功开发并于 1953 年率先实现了其工业化生产，是开发最早、产量最大、应用最广的聚酯产品。PET 具有优良的综合性能，在较宽的温度范围内保持优良的物理性能，其冲击强度高、耐摩擦刚性好、硬度大、吸湿性小、尺寸稳定性好、电性能优良、对大多数有机溶剂和无机酸稳定，并且耐蠕变性、耐疲劳性及耐摩擦与磨损性等也极为突出，其综合性能优于聚酰胺和聚碳酸酯。因此成为合成纤维中产量最大的品种，作为非纤维用聚合物材料也得到广泛的应用。

　　目前，全世界 PET 总产量正在迅速增长，2005 年 PET 世界总产量达 40910kt，2010 年达 52520kt。近年我国 PET 生产能力和产量也大幅度增长，截至 2005 年已达到 12530kt。PET 的用途也进一步拓展到各类容器、包装材料、薄膜、胶片、工程塑料等领域，并且正在越来越多地取代铝、玻璃、陶瓷、纸张、木材、钢铁和其他合成材料。

　　废弃 PET 材料本身并无毒害作用，但其在自然环境下降解周期长，由于大量使用，废弃的 PET 也造成了巨大的环境污染和资源浪费。PET 废料主要来自于生产过程中产生的边角废料和使用过一次的 PET 废弃物。据统计，我国每年的涤纶下脚料就可达 50kt 以上，而且还在逐年增长。

　　PET 本身即是一种有机高分子化合物，生成 PET 的原料又是由石油的裂解物制得的，丢弃废弃的 PET 材料便成为一种间接的石油资源的浪费。目前，世界各国已经相当重视其回收再生工作，许多国家设立了研究机构并成立了专门的回收工厂。据统计，截至 2006 年，全球每年 PET 塑料瓶的回收量就已经高达 900kt。回收的 PET 再生材料主要用于制造纤维、片材和非食品包装用瓶。

【参考文献】

　　龚国华，朱瀛波. 聚对苯二甲酸乙二醇酯废料的回收方法. 化工环保，2004，24（3）：199-201.

实验 11　　有机玻璃的解聚

【实验目的】

　　1. 通过有机玻璃的热裂解了解高聚物解聚反应。

2. 通过甲基丙烯酸甲酯的精制，进一步巩固有机实验基本操作。

【实验原理】

裂解反应是指在化学试剂（水、酸、碱、氧等）或在物理因素（热、光、电离、辐射、力学性能等）的影响下，高聚物的分子链发生断裂，而使聚合物相对分子质量降低，或者使分子链结构发生变化的化学反应。聚合物的热稳定性、裂解速度以及所形成的产物的特性是和聚合物的化学结构密切相关的。一系列实验结果表明：凡含有季碳原子，且不含有在受热时易发生化学变化的基团的聚合物在裂解时较易析出单体，我们把聚合物受热时析出单体的裂解反应叫做解聚反应。从聚甲基丙烯酸甲酯的结构式

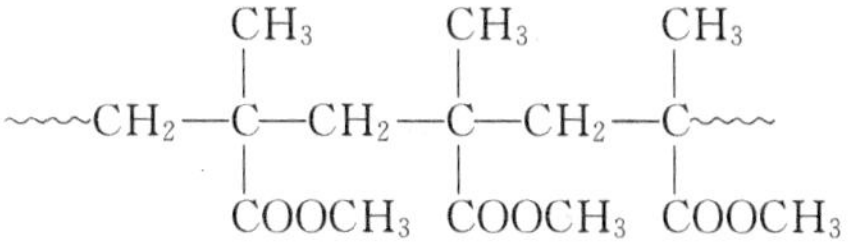

可以看出：长链分子上的碳原子为季碳原子

（有机化学上习惯把与四个碳原子相连的碳原子称为季碳原子），在加热时容易发生解聚反应，其解聚过程是按自由基反应机理进行的。

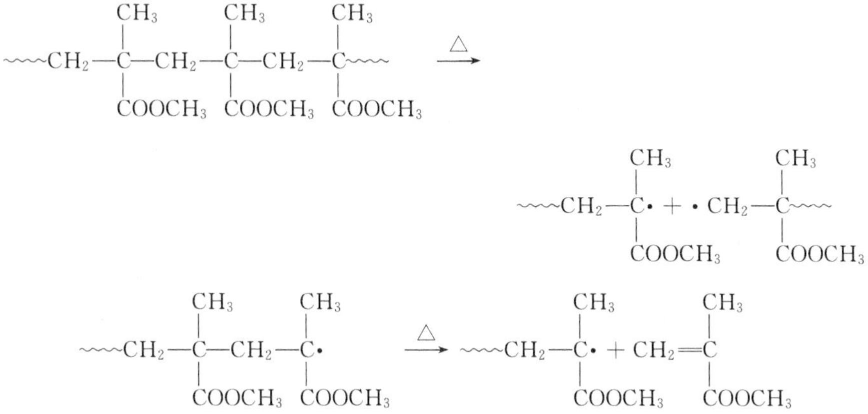

高聚物降解的程度主要取决于大分子的结构，通常在分子中含有季碳原子时，可以获得较高收率的单体分子，若季碳原子变为叔碳原子时，则收率就很低，例如：

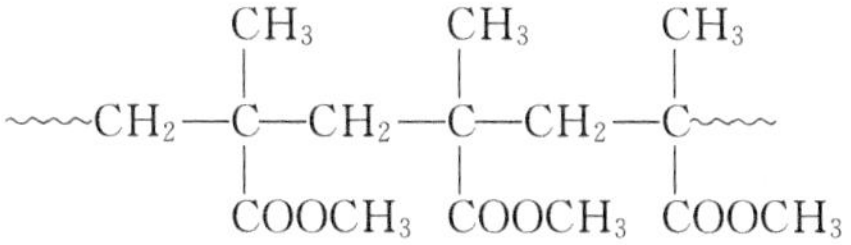

解聚时单体收率＞90%

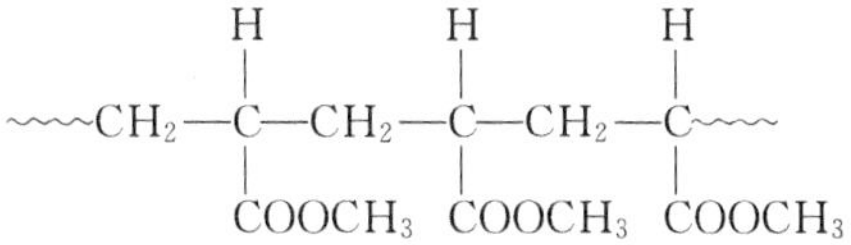

解聚时单体收率≈1%

有机玻璃——聚甲基丙烯酸甲酯解聚的主要产物是甲基丙烯酸甲酯，其收率＞

90％。此外还有少量的低聚物、甲基丙烯酸及其他杂质。如有机玻璃中含有邻苯二甲酸二丁酯，经裂解后就分解为苯二甲酸酐、丁烯及丁醇等杂质。同时部分的邻苯二甲酸二丁酯也会随着单体一同挥发出来，因而解聚后的产物还需经过水蒸气蒸馏、洗涤、干燥和精馏后才能供聚合使用。

【实验仪器及试剂】

圆底烧瓶、花盆式电炉、空气冷凝管、直形水冷凝管、温度计、长颈圆底烧瓶、水蒸气蒸馏装置、减压蒸馏装置。

有机玻璃边角料、硫酸

【实验步骤】

1. 有机玻璃的解聚：称取 150g 有机玻璃边角料放入 500mL 短颈圆底烧瓶中，在花盆式电炉内加热至 200～350℃进行解聚，蒸出物通过空气冷凝管和直形水冷凝管冷却，接收在长颈圆底烧瓶中，解聚温度控制在馏出物逐滴流出为宜，过快或过慢都不利。解聚完毕，称量粗馏物，计算粗单体收率，并进行精制。

2. 单体的精制

（1）水蒸气蒸馏、洗涤及干燥

① 水蒸气蒸馏的目的：水蒸气蒸馏是分离和纯化有机化合物常用的方法，有机玻璃的裂解产物除了单体外，还有低聚体及其他杂质，如果直接精馏，会使精馏瓶中温度过高，造成精馏过程中产物聚合，影响单体质量及产量。因此，在精馏前，首先用水蒸气蒸馏，进行初步分离，以除去高沸点杂质。

② 粗单体精制的操作步骤：按水蒸气蒸馏装置装好仪器，进行水蒸气蒸馏，收集馏出液不含油珠时止，将馏出物用 H_2SO_4 洗两次（H_2SO_4 用量为单体量的 3％～5％），洗去粗单体中的不饱和烃类和醇类等杂质。然后用水洗两次除去大部分酸，再用饱和 Na_2CO_3 溶液洗一次，进一步洗去酸类杂质。最后用饱和食盐水洗至单体呈中性，用无水硫酸镁干燥、放置过夜，以备进一步精制。

（2）减压蒸馏：将上述干燥后的单体用减压蒸馏法进行精制，收集沸点 46～47℃/13065.56～1333.22Pa（98～100mmHg）范围内产品，计算产量及产率，测其折射率，产品留待聚合用（放置冰箱内储存）。

【思考题】

1. 聚甲基丙烯酸甲酯热裂解反应机理如何？热裂解粗产品含哪些组分？

2. 裂解温度的高低及裂解温度对产品质量有何影响？

3. 画出裂解反应装置图，并说明为什么采用这样的装置，你认为这样的装置还可以做哪些改进？

4. 裂解粗馏物为什么采用水蒸气蒸馏的方法进行初步分馏？

5. 写出用浓 H_2SO_4 洗去杂质的反应式。

实验 12　苯乙烯-二乙烯基苯的交联聚合物的制备

【实验目的】

1. 学习如何通过悬浮聚合制得颗粒均匀的悬浮共聚物。
2. 制备带孔的 PS 交联共聚物。

【实验原理】

在悬浮聚合中，影响颗粒大小的因素主要有三个：分散介质（一般为水）、分散剂和搅拌速度。水量不够，不足以把单体分散开，水量太多，反应容器要增大，给生产和实验带来困难。一般水与单体的比例在 2～5 之间。分散剂的最小用量虽然可能小到是单体的 0.005％左右，但一般常用量为单体的 0.2％～1％，太多，容易产生乳化现象。当水和分散剂的量选好后，只有通过搅拌才能把单体分开。所以调整好搅拌速度是制备粒度均匀的球状聚合物的极为重要的因素。离子交换树脂对颗粒度要求比较高，所以严格控制搅拌速度，制得颗粒度合格率比较高的树脂，是实验中需特别注意的问题。

制备苯乙烯-二乙烯基苯的交联聚合物，交联的目的是防止聚合物 PS 在溶剂中溶解，并赋予载体一定的强度。

在聚合时，如果单体内加有致孔剂，得到的是乳白色不透明状大孔树脂，带有功能基后仍为带有一定颜色的不透明状。如果聚合过程中没有加入致孔剂，得到的是透明状树脂，带有功能基后，仍为透明状。这种树脂又称为凝胶树脂，凝胶树脂只有在水中溶胀后才有交换能力。这时凝胶树脂内部渠道直径只有 2～4μm，树脂干燥后，这种渠道就消失，所以这种渠道又称隐渠道。大孔树脂的内部渠道，直径可小至数个微米，大至数百个微米。树脂干燥后这种渠道仍然存在，所以又称为真渠道。大孔树脂内部由于具有较大的渠道，溶液以及离子在其内部迁移扩散容易，所以交换速度快、工作效率高。目前大孔树脂发展很快。

聚合反应

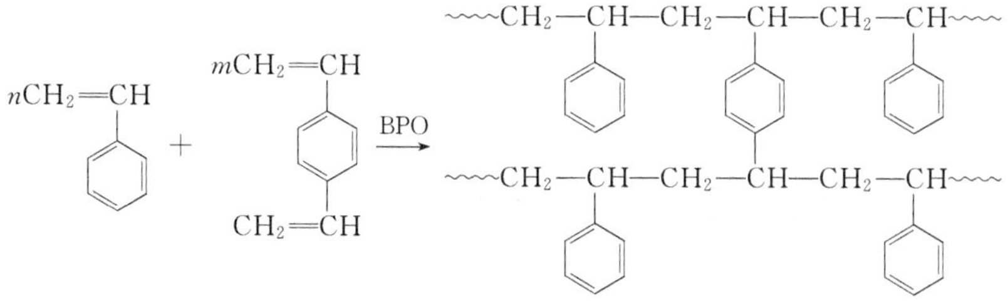

（交联聚苯乙烯）

【实验仪器及试剂】

三口瓶、球形冷凝管、直形冷凝管、量筒、烧杯、搅拌器、电炉、水浴锅。

苯乙烯（St）、二乙烯苯（DVB）、过氧化苯甲酰（BPO）、5％聚乙烯醇

(PVA) 水溶液、环己烷（致孔剂，代替十二烷）。

【实验步骤】

在装有机械搅拌器、回流冷凝管和温度计的 250mL 三口烧瓶中加入 120mL 蒸馏水和 0.5g 聚乙烯醇（或 10% 聚乙烯醇水溶液 5mL），在加热搅拌下使其完全溶解。冷却至 30～40℃，加入引发剂-单体混合液（20g 苯乙烯、3.5g 二乙烯基苯和 0.25g 过氧化苯甲酰）和 10g 十二烷（作为致孔剂），调节搅拌速度使单体分散成一定大小的液珠，迅速升温至 80～85℃ 之间，反应 2h。当观察到珠子开始下沉，可升温至 95℃，继续反应 1.5～2h，使珠子进一步硬化。反应结束后，倾出上层液体，用 80～85℃ 热水洗涤几次，再用凉水洗涤几次，得到白色的微球，过滤、干燥、称重，计算收率。用 30～70 目标准筛过筛，称重，计算小球合格率。

【实验注意事项】

致孔剂就是能与单体混溶，但不溶于水，对聚合物能溶胀或沉淀，但其本身不参加聚合也不对聚合产生链转移反应的溶剂。

【思考题】

制备交联聚苯乙烯微粒时，加入十二烷作为致孔剂，目的是什么？

【背景知识】

苯乙烯类树脂按结构可划分成 20 多种，主要有通用级聚苯乙烯（GPPS）、发泡级聚苯乙烯（EPS）、高抗冲聚苯乙烯（HIPS）等。用于挤塑或注射成型的通用级聚苯乙烯主要采用自由基连续本体聚合或加有少量溶剂的溶液聚合法生产，相对分子质量 100000～400000，相对分子质量分布 2～4，具有刚性大、透明性好、电绝缘性优良、吸湿性低、表面光洁度高、易成型等特点。高抗冲聚苯乙烯是由苯乙烯与顺丁橡胶或丁苯橡胶通过本体-悬浮法自由基接枝共聚而制成，它拓宽了通用级聚苯乙烯的应用范围，广泛用作包装材料，在仪表、汽车零件以及医疗设备方面占有很大的市场，尤其在家用电器方面有取代 ABS 树脂的趋势。此外，还可用苯乙烯制备离子交换树脂（苯乙烯-二乙烯基苯共聚物）、AAS 树脂（丙烯酸丁酯-丙烯腈-苯乙烯共聚物）、MS 树脂（苯乙烯-甲基丙烯酸甲酯共聚物）。

实验 13　阳离子交换树脂的制备

【实验目的】

1. 通过苯乙烯和二乙烯苯共聚物的磺化反应，了解制备功能高分子的一个方法。

2. 掌握离子交换树脂体积交换量的测定方法。

【实验原理】

离子交换树脂是一种带有离子基团的交联聚合物，这些离子基团可与溶液中的离子进行交换反应，在水处理、贵金属的回收与提纯、原子能工业、催化化学反应、海洋资源、化学工业、食品加工、分析检测、环境保护等方面有着广泛的应用。

离子交换树脂是球形小颗粒，这样的形状使离子交换树脂的应用十分方便。按功能基分类，离子交换树脂又分为阳离子交换树脂和阴离子交换树脂。当把阳离子基团固定在树脂骨架上，可进行交换的部分为阳离子时，称为阳离子交换树脂，反之为阴离子交换树脂。所以树脂的定义是根据可交换部分确定的。不带功能基的大孔树脂，称为吸附树脂。

阳离子树脂用酸处理后，得到的都是酸型，根据酸的强弱，又可分为强酸型及弱酸型树脂。一般把磺酸型树脂称为强酸型，羧酸型树脂称为弱酸型，磷酸型树脂介于这两种树脂之间。交换过的树脂分别用强酸或强碱处理后可以再生使用。

采用悬浮聚合法制备出苯乙烯-二乙烯基苯交联聚合物的珠粒，然后使用浓硫酸进行磺化反应，从而生成强酸型阳离子交换树脂。为了使珠粒能够均匀磺化，在磺化前使用二氯乙烷充分溶胀珠粒。制备的是凝胶型磺酸树脂。

磺化反应

$$-(CH-CH)_n + H_2SO_4 \longrightarrow -(CH-CH)_n + H_2O$$
$$\qquad\qquad\qquad\qquad\qquad\qquad SO_3H$$

【实验仪器及试剂】

三口瓶、直形冷凝管、交换柱、量筒、烧杯、搅拌器、水银导电表、水浴锅。

苯乙烯-二乙烯苯交联共聚物（自制）、二氯乙烷、H_2SO_4（92%～93%）、H_2SO_4（30%）。

【实验步骤】

1. 在 250mL 装有搅拌器、回流冷凝管的三口瓶中，加入 10g 自制的交联聚苯乙烯和 60mL 二氯乙烷，缓慢搅拌下在 60℃使微粒充分溶胀 0.5h。

2. 反应体系升温至 70℃，用滴液漏斗逐滴加入浓硫酸 100mL，需 30～40min。加入完毕，升温至 80℃继续反应 2～3h。

3. 用布氏漏斗过滤，磺化产物倒入 400mL 烧杯中，用冷水浴冷却，加入 30%硫酸，在搅拌下逐滴滴加蒸馏水（150～200mL）进行稀释，温度不要超过 35℃。

4. 放置 0.5h 以便珠子内部酸度达到平衡，再加入水稀释，过滤，用 20mL 丙酮洗涤两次以除去二氯乙烷，最后用水洗涤到滤液为中性，干燥、称重。

【实验注意事项】

由于是强酸，操作中要防止酸被溅出。学生可准备一空烧杯，把树脂倒入烧杯内，再把硫酸倒进盛树脂的烧杯中，可以防止酸被溅出来。

【思考题】

交联聚苯乙烯微粒磺化后，能否直接用蒸馏水洗涤，为什么？

实验 14 线型聚苯乙烯的磺化

【实验目的】

1. 了解线型聚苯乙烯的磺化反应历程。

2. 了解线型聚苯乙烯磺化反应的实施方法及磺化度的测定方法。

【实验原理】

线型聚苯乙烯的侧基为苯基，其对位仍具有较高的反应活性，在亲电试剂的作用下可发生亲电取代反应，即首先由亲电试剂进攻苯环，生成活性中间体碳正离子，然后失去一个质子生成苯基磺酸。但线型聚苯乙烯高分子不同于小分子苯，由于受磺化剂扩散速度、局部浓度等物理因素和概率效应、邻近基团效应等化学因素的影响，磺化速率要低一些，磺化度亦难以达到 100%。

本实验利用乙酰基磺酸 CH_3COOSO_3H 对线型聚苯乙烯进行磺化，与常用的磺化剂浓硫酸相比，乙酰基磺酸的反应性能比较温和，磺化所需温度比较低，而浓硫酸所需温度较高，易导致交联或降解等副反应。一般来说线型聚苯乙烯的磺化反应由于磺酸基的引入使聚苯乙烯侧基更庞大，而且磺酸基之间有缔合作用，因此其玻璃化温度随磺化度的增加而提高。

【实验仪器及试剂】

1. 主要试剂：见表 2、表 3。

表 2 原料

名称	试剂	规格	用量
原料	线型聚苯乙烯	自制	20g
	二氯乙烷	CP	139.5mL
	醋酸酐	CP	8.2g
	浓硫酸	95%	4.9g

表 3 除原料外的其他试剂

名称	试剂	规格	用量
溶剂	苯-甲醇混合液	体积比 80:20	
标准溶液	氢氧化钠-甲醇	0.1mol/L	
去离子水	酚酞	pH 试纸	

2. 主要仪器：500mL 四口磨口瓶一个；50mL 滴液漏斗一个；0～100℃温度

计两只；冷凝管一个；磁力搅拌器一台；恒温加热装置一套；真空烘箱一台；分析天平一台；水泵一台；碱式滴定管一只；1L、150mL 烧杯各一个；100mL 量筒一个；锥形瓶一个；布氏漏斗一个；研钵一个。

【实验步骤】

1. 乙酰基磺酸的配制：在 150mL 烧杯中，加入 39.5mL 二氯乙烷，再加入 8.2g（0.08mol）醋酸酐，将溶液冷至 10℃ 以下，在搅拌下逐步加入 95% 的浓硫酸 4.9g（0.05mol），即可得到透明的乙酰基磺酸磺化剂。

2. 磺化：在 500mL 四口瓶中加入 20g 聚苯乙烯和 100mL 二氯乙烷，加热使其溶解，将温度升至 65℃，慢慢滴加磺化剂，滴加速度控制在 0.5~1.0mL/min，滴加完以后，在 65℃ 下搅拌反应 90~120min，得浅棕色液体。然后将此反应液在搅拌下慢慢滴入盛有 700mL 沸水的烧杯中，则磺化聚苯乙烯以小颗粒形态析出，用热的去离子水反复洗涤至反应液呈中性。过滤，干燥，研细后在真空烘箱中干燥至恒重。

3. 称取 1~2g 干燥的磺化聚苯乙烯样品，溶于苯-甲醇（体积比 80：20）混合液中，配成约 5% 的溶液。用约 0.1mol/L 的 NaOH-CH$_3$OH 标准溶液滴定，酚酞为指示剂，直到溶液呈微红色。滴定过程中不能有聚合物自溶液中析出。如出现此情况，应配制更稀的聚合物溶液滴定。

【思考题】

1. 试由测得的磺化度分析聚合物发生化学反应的特点？

2. 采用哪些物理和化学方法可判定聚苯乙烯已被磺化？为什么？

【实验拓展】

1. 利用磺化聚苯乙烯可制备聚苯乙烯磺酸钠。将已知磺化度的磺化聚苯乙烯溶于苯-甲醇（体积比 80：20）混合液中，配成 5% 的溶液。向此聚合物溶液在磁力搅拌下慢慢滴加等物质的量的 0.1mol/L NaOH-CH$_3$OH 溶液，以水-甲醇为沉淀剂。所得的聚苯乙烯磺酸钠先在室温干燥，碾成粉末，再在 80℃ 真空干燥 48h 即得产品。可用差热分析测定其玻璃化温度。

2. 若被磺化聚合物是适度交联的聚苯乙烯，则需以适当的溶剂溶胀后再磺化，产物为强酸性阳离子交换树脂，其中的 H$^+$ 可交换水中的金属离子，用于硬水的软化、贵重金属的富集回收、污水治理等。制备方法如下：称取合格白球 20g，放入 250mL 装有搅拌器、回流冷凝管的三口瓶中，加入 20g 二氯乙烷，溶胀 10min，加入 92.5% 的 H$_2$SO$_4$ 100g，缓慢搅动，油浴加热，1h 内升温至 70℃，反应 1h，再升温到 80℃ 反应 6h。然后改成蒸馏装置，边搅拌边升温至 110℃，常压蒸出二氯乙烷，撤去油浴。冷至室温后，用玻璃砂芯漏斗抽滤，除去硫酸，然后把这些硫酸缓慢倒入能将其浓度降低 15% 的水中，把树脂小心地倒入被冲稀的硫酸中，搅拌 20min。抽滤除去硫酸，将此硫酸的一半倒入能将其浓度降低 30% 的水中，将树脂倒入被第二次冲稀的硫酸中，搅拌 15min。抽滤除去硫酸，将硫酸的一半倒入能将其浓度降低40％的水中，把树脂倒入被三次冲稀的硫酸中，搅拌15min。抽滤除去硫酸，把树脂倒入50mL饱和食盐水中，逐渐加水稀释，并不断把水倾出，直至用自来水洗至中性。

【背景知识】

　　1. 线型磺化聚苯乙烯是一种阴离子型聚合物，当其磺化度大于50％时可溶于水，由于其独特的物理和化学性能，广泛应用于工业、民用、医药等各个领域，如作为聚合物共混物的增溶剂、离子交换材料、反渗透膜或无缺陷混凝土增塑剂等。除以聚苯乙烯为原料制备外，它还可由磺化苯乙烯聚合得到。前一种方法以价廉易得的通用树脂PS为原料，产物分离过程简单，但反应程度低，很难在较短时间内得到磺化度较高的产物；后一种方法产物磺化度高，但单体合成困难，转化率低，聚合反应速度慢，产物分子量较低。

　　2. 可以利用磺化聚苯乙烯制备离聚物（ionomer）：将磺化聚苯乙烯溶解在甲苯/甲醇（9：1）混合溶剂中，搅拌下缓慢滴加略微过量的一价金属氢氧化物的甲醇溶液或二价金属醋酸盐的甲醇/水溶液，室温下搅拌5h后，在沸水中用水蒸气提馏出溶剂，产物用蒸馏水反复洗涤、过滤、干燥即得。离聚物是指碳氢主链上含有少量离子型侧基的聚合物，由杜邦公司首先提出。当碳氢聚合物中存在一定数量的离子基团时，离子对之间产生偶极-偶极相互作用，由于碳氢链与离子对极性差别很大，使一些离子对能松散地缔结在一起，形成离子微区（称为离子簇cluster），并从周围的碳氢链基质中相分离出来，由于原聚合物的相态结构被改变，离聚物被赋予了某些新的优异性能。如杜邦公司生产的全氟磺酸型离聚物（Nation）、Exxon公司的磺化乙烯-丙烯共聚物以及日本Asahi Glass公司生产的全氟羧酸型离聚物（Flemion）等。

实验15　低分子量聚丙烯酸（钠盐）的合成
——水质稳定剂的制备

【实验目的】

　　1. 掌握低分子量聚丙烯酸的合成。

　　2. 用端基滴定法测定聚丙烯酸的分子量。

【实验原理】

　　聚丙烯酸是水质稳定剂的主要原料之一，高分子量的聚丙烯酸（相对分子质量在几万或几十万以上）多用于皮革工业、造纸工业等方面，作为阻垢效果有极大影响，从各项实验证明，低分子量的聚丙烯酸阻垢作用显著，而高分子量的聚丙烯酸丧失阻垢作用。

丙烯酸单体极易聚合，可以通过本体、溶液、乳液和悬浮等聚合方法得到聚丙烯酸，它符合一般的自由基聚合反应规律，本实验用控制引发剂用量和应用调聚剂异丙醇，合成低分子量的聚丙烯酸，并用端基滴定法测定分子量。

$$nH_2C=\!\!=\!CH \xrightarrow{\text{引发剂}} \left(\!\!\begin{array}{c} H_2 \\ C-CH \\ | \\ COOH \end{array}\!\!\right)_{\!\!n}$$

【实验仪器及试剂】

丙烯酸、过硫酸铵、丙酮、搅拌器、三颈瓶、滴液漏斗、pH 计等。

【实验步骤】

在带有回流冷凝管和两个滴液漏斗的 250mL 三颈瓶中，加入 80mL 蒸馏水和 1g 过硫酸铵，待过硫酸铵溶解后，加入 4mL 丙烯酸单体和 8mL 丙酮。开动搅拌器，加热使瓶内温度达到 55℃。在此温度下，把 26mL 丙烯酸单体和 2g 过硫酸铵在 15mL 水中的溶液，分别由漏斗渐渐滴入瓶内，由于聚合过程中放出的热量，瓶内温度有所升高，升温至 70～80℃ 反应 1h。

如要得到聚丙烯酸钠盐，将制成的聚丙烯酸水溶液降温至 50℃，加入浓氢氧化钠溶液（浓度为 30％），边搅拌边进行中和，使溶液的 pH 值达到 10～12 范围内，即停止，制得聚丙烯酸钠盐。

【扩展实验】

端基法测定聚丙烯酸分子量：丙烯酸聚合物的酸性较其对应单体要弱，其滴定曲线随中和程度的增加而上升较慢，当聚丙烯酸只溶于水时，不易被精确地滴定。但是如果滴定在 0.01～1mol/L 的中性盐类溶液中进行，滴定终点是清楚的，测定是准确的。

准确称量约 0.2g 样品放入 100mL 烧杯中，加入 1mol/L 的氯化钠溶液 50mL，用 0.2mol/L 的氢氧化钠标准溶液滴定之，测定其 pH 值，用消耗的氢氧化钠标准溶液的体积（mL）对 pH 值作图，找到终点所消耗的碱量。

计算公式：$M=\dfrac{2}{\dfrac{1}{72}-\dfrac{VN}{W\times1000}}$

式中，M 为聚丙烯酸相对分子质量；V 为试样滴定所消耗的氢氧化钠标准溶液体积，mL；N 为氢氧化钠标准溶液的浓度，mol/L；W 为试样质量，g；$\dfrac{1}{72}$ 为每克样品所含有的羧基摩尔理论值；2 为聚丙烯酸 1 个分子链两端各有一个内酯。

【实验注意事项】

1. 聚丙烯酸样品经薄膜蒸发后干燥处理或在石油醚中沉淀，沉淀物晾干后在 50℃ 烘箱中烘干，然后再于 50℃ 真空烘箱中烘干。

2. 样品加入盐溶液后的浓度，对滴定情况很有影响，如果样品浓度大，加入的中性盐溶液的浓度也相应地增大，否则浓度大的样品其滴定曲线终点转折不明显

（即不易确定终点），这是因为加入中性盐类，通过减少被电离的羟基周围的电离电偶层的厚度并从而降低对其相邻羟基的电离效果，因而引起酸强度的增加，中性盐类对电离度的作用，基本上取决于它们的浓度及阳离子的大小，但几乎不受阴离子特性的影响。

实验 16　界面缩聚制备尼龙-610

【实验目的】

1. 了解界面缩聚的原理和特点。
2. 掌握界面缩聚反应的实施方法。
3. 掌握界面缩聚法制备尼龙-610 的实验方法。

【实验原理】

界面聚合是缩聚反应特有的一种实施方法，将两种单体分别溶解于互不相溶的两种溶剂中，然后将两种溶液混合，缩聚反应在两种溶液界面上进行，通常在有机相一侧进行，聚合产物不溶于溶剂，在界面析出。这种方法在实验室和工业上都有应用，例如聚酰胺、聚碳酸酯等的合成。

界面缩聚具有以下特点：①界面缩聚是一种非均相缩聚反应，反应速率受单体扩散速率控制；②对单体纯度和配比要求不严，反应只取决于界面处反应物的浓度；③单体具有高的反应活性，聚合物在界面迅速生成，其分子量与总的反应程度无关；④反应温度低，一般在 $0 \sim 50 ℃$，可避免因高温而导致的副反应。

在缩聚反应过程当中，为使聚合反应不断进行，要及时将生成的聚合物移走；同时为了提高反应效率，可以采用搅拌的方法提高界面总面积；反应过程有酸性物质生成，要在体系中加入适量的碱中和；有机溶剂的选择要考虑溶剂仅能溶解低分子量的聚合物，而使高分子量的聚合物沉淀。

界面缩聚由于需要单体活性高，溶剂消耗量大，且设备利用率低，因此实际应用并不多。

本实验，由癸二酰氯和己二胺界面缩聚反应制备尼龙-610，反应式为：

$$n ClOC(CH_2)_8 COCl + n NH_2(CH_2)_6 NH_2 \longrightarrow$$
$$\left[NH(CH_2)_6 NH-OC(CH_2)_8 CO \right]_n + 2n HCl$$

实验采用不搅拌体系，与搅拌体系的原理相同，但所得聚合物的形态、产率、分子量及分子量分布有些差异。

【实验仪器及试剂】

1. 主要试剂：见表 4。

表 4 主要试剂

名称	试剂	规格	用量	名称	试剂	规格	用量
单体 溶剂	癸二酰氯 己二胺 CCl₄	新蒸馏 新蒸馏 AR	2.2mL(10mmol) 1.5g(12.9mmol) 50mL	其他	NaOH 2% HCl 溶液 水	AR	1g 50mL

2. 主要仪器：250mL 锥形瓶、250mL 烧杯各一个；100mL 烧杯 2 个；玻璃棒一支；镊子一把。

【实验步骤】

1. 在 100mL 烧杯中加入 1.5g 己二胺、1g 氢氧化钠和 50mL 去离子水，搅拌使固体溶解，配成水相。

2. 量取 2.2mL 癸二酰氯加入干燥的 250mL 锥形瓶中，加入 50mL 无水 CCl₄，摇荡使溶解配成有机相。

3. 将有机相倒入干燥的 250mL 烧杯中，然后将玻璃棒插到有机相底部，沿玻璃棒慢慢地将水相倒入，立刻就能观察到在界面上生成聚合物膜。

4. 用镊子将膜小心提起，并缠绕在玻璃棒上，转动玻璃棒，将持续生成的聚合物拉出。

5. 将所得聚合物放入盛有 50mL 的 2% 盐酸溶液中浸泡，然后用水洗涤至中性，最后用去离子水洗，压干，于 80℃ 真空干燥，计算产率。

【结果与讨论】

1. 按照实验过程设计实验图并画出。

2. 为什么在水相中要加入 NaOH？聚合产物为什么要在 HCl 溶液中浸泡？

3. 在反应过程中，如果停止拉出聚合物，缩聚反应将发生如何变化？如果停止几个小时后再将聚合物拉出，反应还会继续进行吗？

4. 如何测定聚合反应的反应程度和分子量大小？

【实验扩展】

将单体癸二酰氯改为对苯二甲酰氯进行界面缩聚，定性分析两种聚合物由于结构上的差异而导致性能上的不同。

【背景知识】

聚酰胺俗称尼龙（nylon），英文名称 polyamide（简称 PA），是分子主链上含有重复酰胺基团—NHCO—的热塑性树脂总称。包括脂肪族 PA、脂肪-芳香族 PA 和芳香族 PA。其中，脂肪族 PA 品种多，产量大，应用广泛。尼龙中的主要品种有尼龙-6 和尼龙-66，占绝对主导地位，其次是尼龙-11、尼龙-12、尼龙-610、尼龙-612，另外还有尼龙-1010、尼龙-46、尼龙-7、尼龙-9、尼龙-13，新品种有尼龙-61、特殊尼龙 MXD6。

尼龙-610 为半透明、乳白色结晶型热缩性聚合物，性能介于 PA6 和 PA66 之间，相对密度小，具有较好的机械强度和韧性；吸水性小，因而尺寸稳定性好；耐强碱，耐有机溶剂，但也溶于酚类和甲酸中；属于自熄性材料。但在高温（≥150℃）、卤水、油类和强外力冲击下，易变形，甚至断裂，所以在使用时要改性，改性方法有接枝、共聚、共混、原位聚合、填充和交联等。

尼龙-610在机械、汽车、飞机、电子电器、无线电技术等工业部门和国民经济其他领域及生活用品中得到广泛的应用。制造各种工业结构件（齿轮、衬垫、轴承、滑轮等），精密部件、输油管、储油容器、传动带、仪表壳体等。

实验 17　聚己二酸乙二醇酯的制备

【实验目的】

1. 通过聚己二酸乙二醇酯的制备，了解平衡常数较小的单体聚合的实施方法。

2. 通过测定酸值和析出水量，了解缩聚反应过程中反应程度和平均聚合度的变化。

3. 掌握缩聚物相对平均分子质量的影响因素及提高相对平均分子质量的方法。

【实验原理】

缩聚反应是由多次重复的缩合反应逐步形成聚合物的过程，大多数属于官能团之间的逐步可逆平衡反应，其中聚酯就是平衡常数较小（$K=4\sim10$）的反应之一。影响聚酯反应程度和平均聚合度的因素，除单体结构外，还与反应条件如配料比、催化剂、反应温度、反应时间、去水程度有关。配料比对反应程度和分子量的影响很大，体系中任何一种单体过量都会降低反应程度；采用催化剂可大大加快反应速度；提高温度也能加快反应速度，提高反应程度，同时促使反应产生的低分子产物尽快离开反应体系，使平衡向着有利于生成高聚物的方向移动。因此，水分去除越彻底，反应越彻底，反应程度越高，分子量越大。为了除去水分，可采用升高体系温度、降低体系压力、加速搅拌、通入惰性气体等方法，本实验中采用了前三种方法。另外，反应未达平衡前，延长反应时间亦可提高反应程度和分子量。本实验由于实验设备、反应条件和时间的限制，不能获得较高分子量的产物，只能通过测定反应程度了解缩聚反应的特点及其影响因素。

聚酯反应体系中由于单体己二酸上有羧基官能团存在，因而在聚合反应中有小分子水生成。

$$nHO(CH_2)_2OH+nHOOC(CH_2)_4COOH \longrightarrow$$
$$H[O(CH_2)_2OOC(CH_2)_4CO]_nOH+(2n-1)H_2O$$

通过测定反应过程中的酸值变化或出水量来求得反应程度，反应程度计算公式如下：

$$P = t\ 时刻出水量/理论出水量$$
$$P = (初始酸值 - t\ 时刻酸值)/初始酸值$$

在配料比严格控制在官能团等物质的量时，产物的平均聚合度与反应程度的关系

$$X_n = 1/(1-P)$$

在本实验中，外加对甲苯磺酸催化，催化剂浓度可视为基本不变，因此该反应为二级，其动力学关系为：

$$-dc/dt = k[H^+]c^2 = kc^2$$

积分代换得：

$$X_n = 1/(1-P) = kc_0 t + 1$$

式中，t 为反应时间，min；c_0 为反应开始时每克原料混合物中羧基或羟基的浓度，mmol/g；$[H^+]$ 为一常数；k 为该反应条件下的反应速度常数，g/(mmol·min)。

当反应程度达 80% 以上时，即可以 X_n 对 t 作图求出 k，验证聚酯外加酸的二级反应动力学。

【实验仪器及试剂】

1. 主要试剂：己二酸、乙二醇、对甲苯磺酸、乙醇-甲苯（1∶1）混合溶剂、酚酞、KOH、工业酒精。

2. 主要仪器：250mL 三口烧瓶一只，电动搅拌器一套，冷凝管一只，0～300℃温度计一只，锅式电炉一套，分水器，毛细管，干燥管，真空抽排装置一套：包括水泵一台，安全瓶一个，250mL 锥形瓶若干，20mL 移液管，碱式滴定管，量筒。

【实验步骤】

1. 安装好实验装置，为保证搅拌速度均匀，整套装置安装要规范。

2. 向三口瓶中按配方顺序加入己二酸、乙二醇和对甲苯磺酸，充分搅拌后，取约 0.5g 样品（第一个样）用分析天平准确称量，加入 250mL 锥形瓶中，再加入 15mL 乙醇-甲苯（1∶1）混合溶剂，样品溶解后，以酚酞作指示剂，用 0.1mol/L 的 KOH 水溶液滴定至终点，记录所耗碱液体积，计算酸值。

3. 用电炉开始加热，当物料熔融后在 15min 内升温至（160±2）℃反应 1h。在此段共取五个样测定酸值：在物料全部熔融时取第二个样，达到 160℃时取第三个样，此温度下反应 15min 后取第四个样，至 30min 时取第五个样，至第 15min 取第六个样。第六个样后再反应 15min。

4. 然后于 15min 内将体系温度升至（200±2）℃，此时取第七个样，并在此温度下反应 30min 后取第八个样，继续再反应 0.5h。

5. 将反应装置改成减压系统，即再加上毛细管，并在其上和冷凝管上各接一

只硅胶干燥管,继续保持 (200±2)℃,真空度为 100mmHg,反应 15min 后取第九个样,至此结束反应。

6. 在反应过程中从开始出水时,每析出 0.5～1mL 水,测定一次析水量,直至反应结束,应不少于 10 个水样。

7. 反应停止后,趁热将产物倒入回收盒内,冷却后为白色蜡状物。用 20mL 工业酒精洗,洗瓶液倒入回收瓶中。

【结果与讨论】

1. 按下式计算酸值。

$$酸值(mgKOH/g 样品)=(V_c×0.056×1000)/样品质量(g)$$

式中,V 为滴定试样所消耗的 KOH 水溶液的体积;c 为 KOH 的摩尔浓度。

2. 记录酸值和,计算反应程度和平均聚合度,绘出 P-t 和 X_n-t 图。

3. 思考题

(1) 说明本缩聚反应实验装置有几种功能?并结合 P-t 和 X-t 图分析熔融缩聚反应的几个时段分别起到了哪些作用?

(2) 与聚酯反应程度和分子量大小有关的因素是什么?在反应后期黏度增大后影响聚合的不利因素有哪些?怎样克服不利因素使反应顺利进行?

(3) 如何保证等物质的量的投料配比?

【实验扩展】

低相对分子质量端羟基聚酯的合成:相对分子质量为 2000～3000 的端羟基聚酯可用于合成聚酯型聚氨酯的原料。利用本实验装置,将配方中乙二醇的用量适当过量,即可得到低相对分子质量端羟基聚酯。

以 N_A 和 N_B 分别表示—COOH 和—OH 官能团的数量,按下式计算合成相对分子质量为 3000 的端羟基聚酯的反应物用量:

$$X_n=\frac{1+\gamma}{1+\gamma-2\gamma P}, \quad \gamma=N_A/N_B$$

反应结束后,用滴定法测定羟基物质的量,进一步计算出聚合物的相对分子质量。

【背景知识】

1. 聚己二酸乙二醇酯的熔点较低,只有 50～60℃,不宜用作塑料和纤维。以对苯二甲酸代替二元脂肪酸来合成聚酯,在主链中引入芳环,可提高刚性和熔点,这使得聚对苯二甲酸乙二醇酯即涤纶成为重要的合成纤维和工程塑料。一般按分子量(黏度)大小用在三个方面:高黏度的树脂用作工程塑料,制成一般的摩擦零件如轴承、齿轮、电器零件等;黏度在 0.72 左右的用作纺织纤维;黏度稍低的 (0.60 左右)用于制薄膜如电影胶片的片基材料、录音磁带和电机电器中的绝缘薄膜等。

2. 影响缩聚反应产物相对平均分子质量的因素包括平衡常数、反应程度、残留小分子浓度和表示两官能团相对过量程度的当量系数，平衡常数越大、反应程度越高、残留小分子浓度越低和当量系数越趋于1，缩聚反应产物相对平均分子质量越高。其中对于某一特定体系，当量系数是最重要的因素。在实际工业化生产中要做到两官能团等当量非常困难，以聚对苯二甲酸乙二醇酯（PET）的缩聚为例，早期对苯二甲酸不易提纯，采用直接缩合不易得到分子量较高的产物，为了保证原料配比精度，采用酯交换法（DMT法）合成聚对苯二甲酸乙二醇酯：先将对苯二甲酸与甲醇反应生成对苯二甲酸二甲酯（DMT），再将DMT提纯至99.9%以上，然后将高纯度的DMT与乙二醇进行酯交换生成对苯二甲酸二乙二醇酯（BHET），最后以Sb_2O_3为催化剂，在270～280℃和66～133Pa条件下进行熔融缩聚即得。随着技术发展，1963年开始用高纯度的对苯二甲酸直接与乙二醇反应制备，该法为直接酯化法（TPA法），省去了对苯二甲酸二甲酯的制造和精制及甲醇的回收，降低了成本。另外，还可采用对苯二甲酸直接与环氧乙烷反应制备聚对苯二甲酸乙二醇酯（EO法）。

3. 除本实验中采用的直接由二元醇和二元酸反应制取聚酯外，还可由 o-羟基羧酸自身缩合得到，或由二元酰氯和二元醇通过 Schotten-Baumann 反应来合成。而酯交换反应是合成聚酯的最实用的反应。

实验 18　线型酚醛树脂的制备

【实验目的】

1. 了解反应物的配比和反应条件对酚醛树脂结构的影响，合成线型酚醛树脂。
2. 进一步掌握不同预聚体的交联方法。

【实验原理】

酚醛树脂是由苯酚和甲醛聚合得到的。强碱催化的聚合产物为甲阶酚醛树脂，甲醛与苯酚摩尔比为（1.2～3.0）∶1，甲醛用36%～50%的水溶液，催化剂为1%～5%的NaOH或$Ca(OH)_2$，在80～95℃加热反应3h，就得到了预聚物。为了防止反应过头和凝胶化，要真空快速脱水。预聚物为固体或液体，相对分子质量一般为500～5000，呈微酸性，其水溶性与分子量和组成有关。交联反应常在180℃下进行，并且交联和预聚物合成的化学反应是相同的。

线型酚醛树脂是甲醛和苯酚以（0.75～0.85）∶1的摩尔比聚合得到的，常以草酸或硫酸作催化剂，加热回流2～4h，聚合反应就可完成。催化剂的用量为每100份苯酚加1～2份草酸或不足1份的硫酸。由于加入甲醛的量少，只能生成低分子量线型聚合物。反应混合物在高温脱水、冷却后粉碎，混入5%～15%的六亚甲基四胺，加热即迅速发生交联。

本实验在草酸存在下进行苯酚和甲醛的聚合，甲醛量相对不足，得到线型酚醛树脂。线型酚醛树脂可作为合成环氧树脂的原料，与环氧氯丙烷反应获得酚醛多环氧树脂，也可以作为环氧树脂的交联剂。

【实验仪器及试剂】

化学试剂：苯酚，甲醛水溶液，草酸，六亚甲基四胺。

仪器设备：三颈瓶，冷凝管，机械搅拌器，减压蒸馏装置。

【实验步骤】

1. 线型酚醛树脂的制备：向装有机械搅拌器、回流冷凝管和温度计的三口瓶中加入 39g 苯酚（0.414mol）、27.6g 37％甲醛水溶液（0.339mol）、5mL 蒸馏水（如果使用的甲醛溶液浓度偏低，可按比例减少水的加入量）和 0.6g 二水合草酸，水浴加热并开动搅拌，反应混合物回流 1.5h。加入 90mL 蒸馏水，搅拌均匀后，冷却至室温，分离出水层。

实验装置改为减压蒸馏装置，剩余部分逐步升温至 150℃，同时减压至真空度为 66.7～133.3kPa，保持 1h 左右，除去残留的水分，此时样品一经冷却即成固体。在产物保持可流动状态下，将其从烧瓶中倾出，得到无色脆性固体。

2. 线型酚醛树脂的固化：取 10g 酚醛树脂，加入六亚甲基四胺 0.5g，在研钵中研磨混合均匀。将粉末放入小烧杯中，小心加热使其熔融，观察混合物的流动性变化。

【分析与思考】

1. 环氧树脂能否作为线型酚醛树脂的交联剂，为什么？
2. 线型酚醛树脂和甲阶酚醛树脂在结构上有什么差异？
3. 反应结束后，加入 90mL 蒸馏水的目的是什么？

【知识扩展】

酚醛树脂塑料是第一个商品化的人工合成的聚合物，具有高强度和尺寸稳定性好、抗冲击、抗蠕变、抗溶剂和耐湿气性能良好等优点。大多数酚醛树脂都需要加填料增强，通用级酚醛树脂常用黏土、矿物质粉和短纤维来增强，工程级酚醛则要用玻璃纤维、石墨及聚四氟乙烯来增强，使用温度可达 150～170℃。酚醛聚合物可作为黏合剂，应用于胶合板、纤维板和砂轮，还可作为涂料，例如酚醛清漆。含有酚醛树脂的复合材料可以用于航空飞行器，它还可以做成开关、插座及机壳等。

实验 19　三聚氰胺-甲醛树脂的合成及层压板的制备

【实验原理】

三聚氰胺-甲醛树脂是氨基塑料的重要品种之一，由三聚氰胺和甲醛在碱性条件下缩合，通过控制单体组成和反应程度先得到可溶性的预聚体，该预聚体以三聚氰胺的三羟甲基化合物为主，在 pH＝8～9 时稳定，在热或催化剂的存在下可进一步通过羟甲基之间的脱水缩合形成交联聚合物：

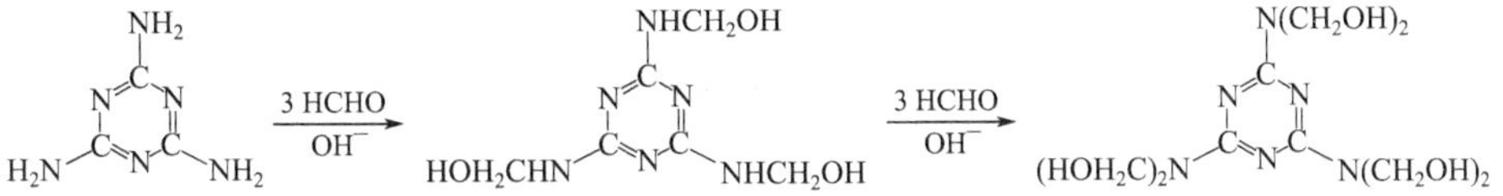

预聚反应的反应程度通过测定沉淀比来控制。预聚反应完成后，将棉布、纸张或其他纤维织物放入所得预聚体中浸渍、晾干，再经加热模压交联固化后，可得到各种不同用途的氨基复合材料制品。

【实验仪器及试剂】

三聚氰胺	31.5g
甲醛水溶液（36%）	50mL
乌洛托品（六亚甲基四胺）	0.12g
三乙醇胺	0.15g（2～3 滴）
装有搅拌器、冷凝管、温度计的三颈瓶	1 套
滤纸（或棉布）	若干张
恒温浴	1 套
滴管	数支
5mL 或 10mL 量筒	1 支
培养皿	1 个

【实验步骤】

1. 预聚体的合成：在一带电动搅拌器、回流冷凝管和温度计的三颈瓶中分别加入 50mL 甲醛溶液和 0.12g 乌洛托品，搅拌，使之充分溶解，再在搅拌下加入 31.5g 三聚氰胺，继续搅拌 5min 后，加热升温至 80℃ 开始反应，在反应过程中可明显地观察到反应体系由浊转清，在反应体系转清后 30～40min 开始测沉淀比。当沉淀比达到 2∶2 时，立即加入三乙醇胺，搅拌均匀后撤去热浴，停止反应。

沉淀比测定：从反应液中吸取 2mL 样品，冷却至室温，在搅拌下滴加蒸馏水，当加入 2mL 水使样品变浑浊时，并且经摇荡后不转清，则沉淀比达到 2∶2。

2. 纸张（或棉布）的浸渍：将预聚物倒入一干燥的培养皿中，将 15 张滤纸（或棉布）分张投入预聚物中浸渍 1～2min，注意浸渍均匀透彻，然后用镊子取出，并用玻璃棒小心地将滤纸表面过剩的预聚物刮掉，用夹子固定在绳子上晾干。

3. 层压：将上述晾干的纸张（或棉布）层叠整齐，放在预涂硅油的光滑金属板上，在油压机上于 135℃、4.5MPa 压力下加热 15min，打开油压机，稍冷后取出，即得坚硬、耐高温的层压塑料板。

【思考题】

本实验中加入的三乙醇胺的作用是什么？

实验 20　脲醛树脂的制备

【实验目的】

加深理解缩聚合的反应机理，了解脲醛树脂的合成方法。

【实验原理】

脲醛树脂是由尿素和甲醛经缩聚合反应制得的热固性树脂。

1. 加成反应：生成多种羟甲基脲的混合物，例如

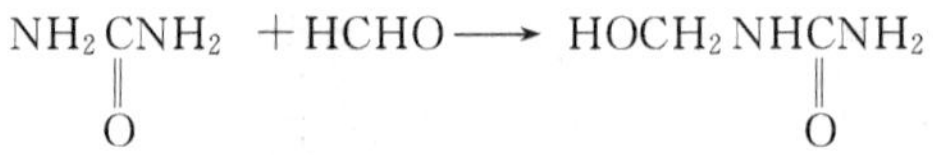

$$NH_2CNH_2 + HCHO \longrightarrow HOCH_2NHCNH_2$$

2. 缩合反应

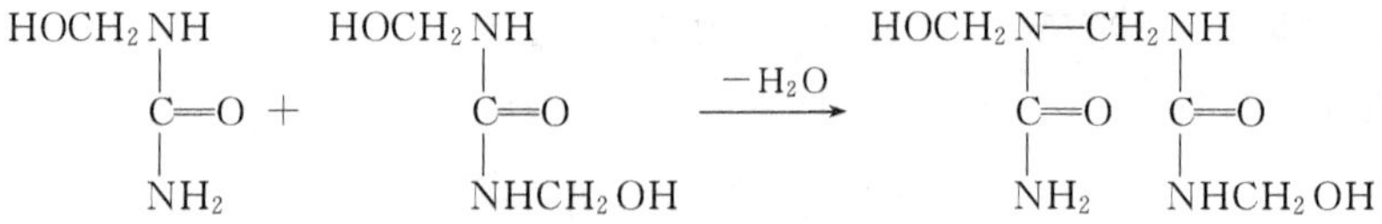

也可以在羟甲基与羟甲基间脱水缩合：

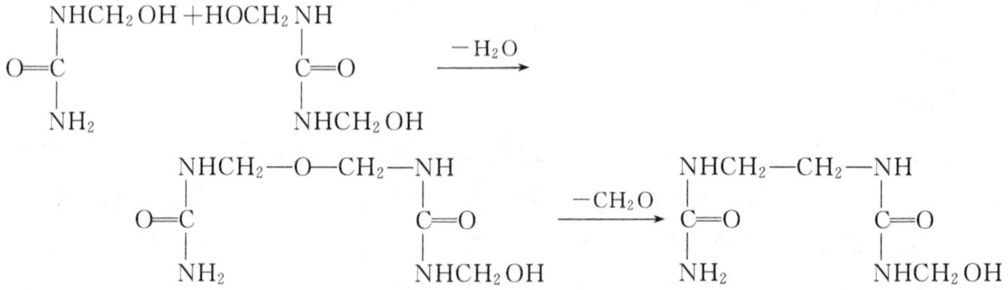

此外，还有甲醛与亚氨基间的缩合均可生成低相对分子质量的线型和低交联度的脲醛树脂：

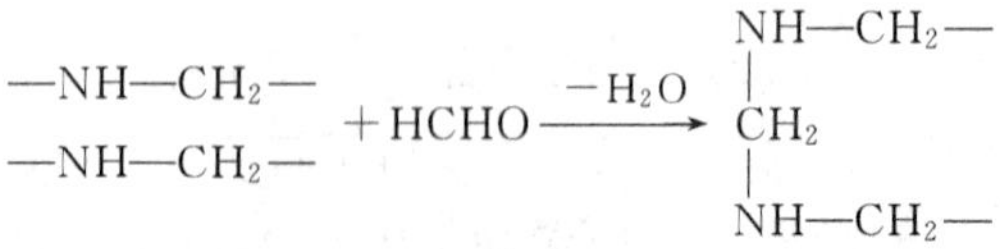

脲醛树脂的结构尚未完全确定，可认为其分子主链上还有以下的结构：

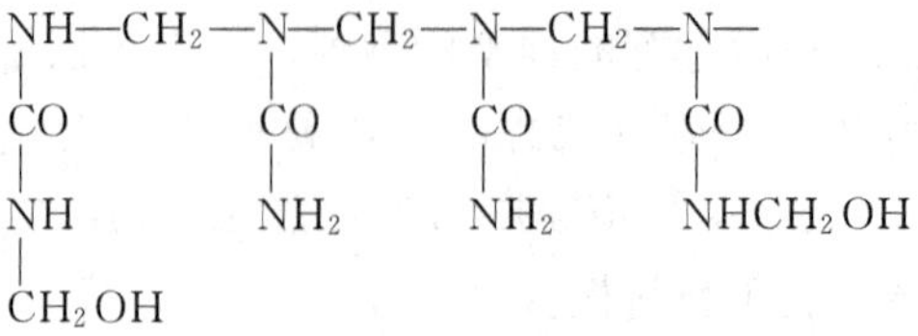

上述中间产物中含有易溶于水的羟甲基，可做胶黏剂使用，当进一步加热，或者在固化剂作用下，羟甲基与氨基进一步缩合交联成复杂的网状体型结构。

$$
\begin{array}{c}
-\mathrm{CH_2-N-CH_2-} \\
| \\
\mathrm{CO} \\
| \\
-\mathrm{N-CH_2-N-CH_2-N-CH_2-O-N-} \\
|\qquad\qquad\qquad\quad|\qquad\qquad\quad| \\
\mathrm{CO}\qquad\qquad\quad\mathrm{CO}\qquad\quad\mathrm{CO} \\
|\qquad\qquad\qquad\quad|\qquad\qquad\quad| \\
-\mathrm{N-CH_2-N-CH_2-N-CH_2} \\
| \\
\mathrm{OH}
\end{array}
$$

【实验仪器】

电动搅拌器、水浴、三口瓶（250mL）、球形冷凝器、温度计。

【实验试剂】

甲醛、尿素、10％氢氧化钠水溶液、氨水，10％甲酸水溶液。

实验装置与苯乙烯悬浮聚合相同（图略）。

【实验步骤】

1. 在 250mL 三口烧瓶上分别安装搅拌器、温度计、球形冷凝器。

2. 用 100mL 量筒量取甲醛水溶液 60mL，加入三口瓶中，开动搅拌器同时用水浴缓慢加热，然后用 10％ NaOH 水溶液调节甲醛水溶液，使甲醛水溶液的 pH 值介于 8～8.5 之间。

3. 分别称取尿素三份，质量分别是 11.2g、5.6g、5.6g，先将 11.2g 尿素加入三口瓶中，搅拌至溶解，温度升高到 60℃时，开始计时，不断调整反应体系的 pH 值，使之保持 8.5 左右，保温反应 2～3h。

4. 升温至 80℃加入 5.6g 尿素，用 10％甲酸水溶液小心调节反应体系的 pH 值，使之介于 5.4～6.0 之间，继续反应 1～1.5h，在此过程中不断地用胶头滴管吸取少量脲醛胶液滴入冷水中，观察胶液在冷水中是否出现雾化现象。

5. 出现雾化现象后，加入剩余的 5.6g 尿素，用氨水调节反应体系的 pH 值，使之介于 7.0～7.5 之间，在 80℃下继续反应直至在温水中出现雾化现象，即在此过程中不断用胶头滴管吸取少量脲醛胶液滴入约 40℃的温水中，观察胶液在温水中是否还会出现雾化现象。

6. 温水中出现雾化现象后，立即降温到 40℃左右，终止反应，并用氨水调节脲醛胶的 pH＝7，再用 10％ NaOH 调节 pH＝8.5～9，正常情况下得到澄清透明的脲醛胶。

【实验注意事项】

1. 用甲酸溶液调节反应体系 pH 值时要十分小心，切忌酸度过大。因为缩合反应速度在 pH＝3～5 之间几乎正比于 [H$^+$]。

2. 缩聚反应中防止温度骤然变化，否则易造成胶液浑浊。

3. 在此期间如发现黏度骤增，出现冻胶，应立即采取措施补救。出现这种情况的原因有：酸度太强（pH<4.0），升温太快，或温度超过 100℃。补救的方法是：使反应液降温；加入适量的甲醛溶液稀释树脂，从内部反应降温，加入适量的氢氧化钠水溶液，把 pH 值调到 7.0，酌情确定出料或继续加热反应。

4. 检查脲醛树脂是否生成的常用方式。

（1）用棒蘸点树脂，最后两滴迟迟不落，末尾略带丝状，并回缩到棒上，则表示已经成胶。

（2）用吸管吸取少量树脂，滴入盛有清水的小烧杯中，如逐渐扩散成云雾状，并徐徐下沉，至底部并不生成沉淀，且水不浑浊则表示已经成胶。

（3）用手指蘸取少量树脂，两指不断相捏相离，在室温时，约 1min 内觉得有一些黏度，则表示已成胶。

【思考题】

1. 在脲醛树脂合成时，加尿素前为何要用氢氧化钠水溶液和氨水调 pH 值至 7～7.5？到终点后，为何要用氢氧化钠水溶液调 pH 值至 7～8？

2. 在脲醛树脂合成时，影响产品的主要因素有哪些？

3. 在脲醛树脂合成中，尿素和甲醛两种原料哪种对 pH 值影响大？为什么？

4. 如果脲醛胶在三口瓶内发生了固化，试分析可能有哪些原因造成？

实验 21　环氧树脂的制备

【实验目的】

掌握低分子量环氧树脂的制备条件及环氧值测定方法及计算。

【实验原理】

2-3、2-4 以上多官能团体系单体进行缩聚时，先形成可溶可熔的线型或支链低分子树脂，反应如继续进行，形成体型结构，成为不溶不熔的热固性树脂。体型聚合物由交联将许多低分子以化学键连成一个整体，所以具有耐热性和尺寸稳定性能的优点。

体型缩聚也遵循缩聚反应的一般规律，具有"逐步"的特性。

以 2-3、2-4 官能度体系的缩聚反应如酚醛、醇酸树脂等在树脂合成阶段，反应程度应严格控制在凝胶点以下。

以 2-2 官能度为原料的缩聚反应先形成低分子线型树脂（即结构预聚物），相对分子质量约数百到数千，在成型或应用时，再加入固化剂或催化剂交联成体型结构。属于这类的有环氧树脂、聚氨酯泡沫塑料等。

环氧树脂是环氧氯丙烷和二羟基二苯基丙烷（双酚 A）在氢氧化钠（NaOH）的催化作用下不断地进行开环、闭环得到的线型树脂。如下式所示。

$$n\ CH_2\!-\!CHCH_2Cl + n HO\!-\!\!\bigcirc\!\!-\!\!\underset{CH_3}{\overset{CH_3}{C}}\!\!-\!\!\bigcirc\!\!-\!OH \xrightarrow{NaOH}$$

$$CH_2\!-\!CHCH_2\!\!\left[O\!-\!\!\bigcirc\!\!-\!\!\underset{CH_3}{\overset{CH_3}{C}}\!\!-\!\!\bigcirc\!\!-\!O\!-\!CH_2\!-\!CH\!-\!CH_2\right]_{\!n}$$

$$-\!O\!-\!\!\bigcirc\!\!-\!\!\underset{CH_3}{\overset{CH_3}{C}}\!\!-\!\!\bigcirc\!\!-\!O\!-\!CH_2\!-\!CH\!-\!CH_2$$

上式中 n 一般在 $0\sim12$ 之间，相对分子质量相当于 $340\sim3800$，$n=0$ 时为淡黄色黏滞液体，$n\geqslant2$ 时则为固体。n 值的大小由原料配比（环氧氯丙烷和双酚 A 的摩尔比）、温度条件、氢氧化钠的浓度和加料次序来控制。

环氧树脂黏结力强，耐腐蚀、耐溶剂、抗冲性能和电性能良好，广泛用于黏结剂、涂料、复合材料等。环氧树脂分子中的环氧端基和羟基都可以成为进一步交联的基团，胺类和酸酐是使其交联的固化剂。乙二胺、二亚乙基三胺等伯胺类含有活泼氢原子，可使环氧基直接开环，属于室温固化剂。酐类（如邻苯二甲酸酐和马来酸酐）作固化剂时，因其活性较低，须在较高的温度（$150\sim160℃$）下固化。

本实验制备环氧值为 0.45 左右的低分子量环氧树脂。

【实验仪器】

电炉（1000W），变压器（1kV），烧杯（1000mL），水浴，三口反应瓶（250mL），搅拌器，滴液漏斗（60mL）1 只，Y 形管、弯管各 1 根，球形冷凝管，直形冷凝管，温度计 $0\sim100℃$、$0\sim200℃$ 各 1 根，分液漏斗（250mL），量筒 25mL、50mL 各 1 只，真空泵，吸滤瓶。

【实验试剂】

双酚 A（化学纯，11.4g），环氧氯丙烷（化学纯，密度 1.1814g/mL），NaOH（30％溶液，20mL），甲苯（化学纯，30mL），蒸馏水（化学纯，15mL）。

【实验步骤】

称量 11.4g 双酚 A 于三口瓶内，再量取环氧氯丙烷 14mL，倒入瓶内，装上搅拌器、滴液漏斗、回流冷凝管及温度计，开动搅拌。升温到 $55\sim65℃$，待双酚 A 全部溶解成均匀溶液后，将 20mL 30％（质量分数）NaOH 溶液置于 50mL 滴液漏斗中，自滴液漏斗慢慢滴加氢氧化钠溶液至三颈瓶中（开始滴加要慢些，环氧氯丙烷开环是放热反应，反应液温度会自动升高）。保持温度在 $60\sim65℃$，约 1.5h 内滴加完毕。然后保温 30min。倾入 30mL 蒸馏水，搅拌成溶液，趁热倒入分液漏斗中，静止分层，除去水层。

将树脂溶液倒回三颈瓶中，进行减压蒸馏以除去萃取液甲苯及未反应的环氧氯丙烷。加热，开动真空泵（注意馏出速度），直至无馏出物为止，控制最终温度不超过110℃，得到淡黄色透明树脂。

【知识扩展】

1. 环氧值的测定：准确称取环氧树脂0.5g左右，放入装有磨口冷凝管的250mL锥形瓶中，用移液管加入20mL 0.2mol/L盐酸吡啶溶液，装上冷凝管，待样品全部溶解后（可在40～50℃水浴上加热溶解），回流加热20min，冷至室温，以酚酞为指示剂，用0.1mol/L标准NaOH溶液滴至呈粉红色为止。用同样的操作做一次空白试验，计算环氧值。

$$环氧值 = \frac{(V_0 - V_1)M}{10m}$$

式中　V_0——空白滴定所消耗的NaOH标准溶液的体积，mL；

　　　V_1——样品滴定消耗的NaOH标准溶液的体积，mL；

　　　M——NaOH标准溶液的浓度，mol/L；

　　　m——样品质量，g。

2. 粘接技术：将玻璃片用铬酸洗液浸泡10～15min，洗干净后烘干。称取10g环氧树脂加入3～5滴邻苯二甲酸二丁酯和一定量的乙二胺于小烧杯中，用搅拌棒搅匀后，在玻璃片上涂一薄层，然后将玻璃片用螺旋夹夹紧，在室温下放置48h后，在110℃烘箱内烘1h或40～80℃烘箱中烘3h，用于测试粘接强度。

【思考题】

1. 环氧树脂的反应机理及影响合成的主要因素是什么？

2. 什么叫环氧当量及环氧值？

3. 将50g自己合成的环氧树脂用乙二胺固化剂固化，如果乙二胺过量10%，则需要等当量的乙二胺多少克？

实验22　聚醚型聚氨酯弹性体的合成

【实验目的】

1. 了解聚氨酯的合成方法。

2. 学习改变、调节嵌段共聚物的嵌段组合成有不同性能的嵌段共聚物。

【实验原理】

所谓聚氨酯是指在聚合物链上反复出现氨基甲酸酯基团（$-\overset{H}{\underset{|}{N}}-\overset{O}{\overset{\|}{C}}-O-$）的高分子化合物，用这种聚合物制成的材料具有高弹性、高韧性、高强度、耐低温、耐油性、耐磨性。有耐磨王之称，特别是在低温条件下能保持高弹性，是其他塑料制品所不能比拟的。

聚氨酯是由二异氰酸酯与末端基含有活泼氢的化合物反应，生成含有游离的异氰酸根的预聚物，再经扩链制得的。如果末端基含有活泼氢的化合物是低相对分子质量（1000～2000）的聚醚或聚酯，可以使聚合物链有一定的柔性。聚氨酯可以写成结构为 AB 型多段共聚物。其中 A 为聚醚或聚酯的软段，B 为异氰酸根与低相对分子质量的扩链剂二元醇或二元胺反应而成的链节，为硬段。改变软段的类型，如采用聚醚二醇制得的聚氨酯比用聚酯二醇制得的聚氨酯有更好的抗水解性，但抗氧性差些。硬段 B 能使大分子之间的作用力增强，内聚能增大，能提高聚合物的强度。采用不同的二异氰酸酯及扩链剂都可以改变极性基团的性质，使聚合物的机械强度发生变化。

合成聚氨酯的反应属于逐步加成聚合反应。它不能像聚酰胺那样采用熔融聚合，因为在熔点以上聚氨酯发生分解，这给聚氨酯的生产带来了困难。到了 20 世纪 50 年代人们发现聚氨酯可溶于 N,N-二甲基甲酰胺（DMF）或二甲基亚砜（DMSO）中，这样就可采用溶液聚合方法合成聚氨酯，使聚氨酯的应用大为发展。

聚氨酯除可制成橡胶，还可制成弹性纤维（Spandex）。用于制纤维的聚氨酯在合成时扩链剂宜采用二元胺而不是二元醇。聚氨酯还有许多其他用途，它可以制成黏合剂、涂料、漆、人造器官等。

本实验用相对分子质量为 900 的端羟基聚四氢呋喃（PTMG）与 4,4'-二苯甲烷二异氰酸酯（MDI）反应，再用 1,4-丁二醇扩链，用 DMF 为溶剂合成聚氨酯弹性体。

反应简式

$$2n\text{OCN—R—NCO} + n\text{HO—R}'\text{—OH} \longrightarrow \text{OCN} \text{+RNHCOOR}'\text{OOCNHR} \text{)}_n \text{NCO}$$

$$2\text{OCN(RNHCOOR}'\text{OOCNHR)}_n\text{NCO} + \text{HOR}''\text{OH} \longrightarrow$$

$$\text{OCN(RNHCOOR}'\text{OOCNHR)}_n\text{NHCOOR}''\text{COONH(RNHCOOR}'\text{OOCNHR)}_n\text{NCO}$$

【实验仪器及试剂】

三口瓶，冷凝管，滴液漏斗，油浴，干燥箱，密闭式搅拌器。

端羟基聚四氢呋喃，二苯基甲烷二异氰酸酯，1,4-丁二醇，纯氮（99.99%），N-二甲基甲酰胺（化学纯），抗氧剂 2,6-二叔丁基对甲酚（BHT 又称抗氧剂 264）。

【实验步骤】

在 250mL 三口瓶上，一口装密闭式搅拌器，一口装有干燥管的回流冷凝管，另一口塞上磨口塞。仪器装好后由搅拌器侧管通入氮气，在通氮的情况下用电吹风烘烤烧瓶 10min 以赶出烧瓶内的水汽。待烧瓶温度降至近室温后加入 16.7g MDI，升温至 60℃，这时 MDI 熔化，滴入 30g PTMG。PTMG 在室温下为蜡状，放入滴液漏斗后用电吹风加热使其熔化，滴完后用少量溶剂冲洗干净。在 60℃下反应 1h，再加入溶有 2.4g 1,4-丁二醇的 45mL DMF，升温至 80℃反应 3h，到反应后期如果反应物很黏可根据具体情况补加一些 DMF，结束反应时加入溶有 0.5g BHT 的 5mL DMF。搅拌均匀后把反应物倒入一个事先做好的模具上。模具是一个长、宽分别为 15cm 和 12cm 的玻璃板，周围粘上较硬的纸条，溶液层厚度为 4~5mm，趁热将模具放入真空干燥箱中，用真空泵抽空以排除溶液内的气泡。气泡排净后拿出来晾干。然后放入带有鼓风的烘箱内于 80℃烘 24h。再放入真空干燥箱于 70℃烘 24h。做拉力实验，室温下伸长率可达 200%。

【实验注意事项】

1. 密闭式搅拌器是一种带有磨口，用不锈钢制成的搅拌器。搅拌器有 3 个出口，2 个用来通冷却水，可供在高温下使用，1 个用来通气。

2. MDI 与水反应生成脲，脲再进一步和异氰酸酯反应产生交联结构，影响产物的性能，所以一定要把水除净。

3. PTMG 使用前要在真空烘箱内于 70℃下烘 24h。

4. 冲洗剩余 PTMG 用的溶剂要尽量得少，不要超过 10mL。PTMG 一定要冲净，以保证反应物的摩尔比。

5. 1,4-丁二醇也要经过除水处理，方法是在 1,4-丁二醇中加入少量的金属钠，轻微加热，等钠全部反应掉后进行减压蒸馏，收集 107~108℃/533.29Pa（4mmHg）的馏分。

6. 反应混合物内含有大量的溶剂，成膜需要很长时间，学生做完实验后，可把模子放在自己的箱子内 1~2 个星期，当溶剂基本挥发净后再放入烘箱处理。

【实验扩展】

软质聚氨酯泡沫塑料的制备方法：在一 25mL 烧杯（1#）中将 0.1g（约 3 滴）DABCO（或三乙醇胺）溶解在 0.2g（约 5 滴）水和 10g 三羟基聚醚中，在另一 50mL 烧杯（2#）中依次加入 25g 三羟基聚醚、10g 甲苯二异氰酸酯和 0.1g（约 3 滴）二月桂酸二丁基锡，搅拌均匀，可观察到有反应热放出。然后在 1# 烧杯中加入 0.1~0.2g（约 10 滴）硅油，搅拌均匀后倒入 2# 烧杯，搅拌均匀，当反应混合物变稠后，将其倒入纸盒中，在室温下放置 0.5h 后，放入约 70℃的烘箱中加热 0.5h，即可得到一块白色的软质聚氨酯泡沫塑料。

【背景知识】

聚氨酯泡沫塑料的合成可分为三个阶段。

1. 预聚体的合成，由二异氰酸酯单体与端羟基聚醚或聚酯反应生成含异氰酸酯端基的聚氨酯预聚体。

$$OCN-R-NCO + HO\text{\textasciitilde}\text{\textasciitilde}OH \longrightarrow OCN-R-NH-\overset{O}{\underset{\|}{C}}-O\text{\textasciitilde}\text{\textasciitilde}O-\overset{O}{\underset{\|}{C}}-NH-R-NCO$$

2. 气泡的形成与扩链，在预聚体中加入适量的水，异氰酸酯端基与水反应生成的氨基甲酸不稳定，分解生成端氨基与 CO_2，放出的 CO_2 气体在聚合物中形成气泡，并且生成的端氨基聚合物可与聚氨酯预聚体进一步发生扩链反应。

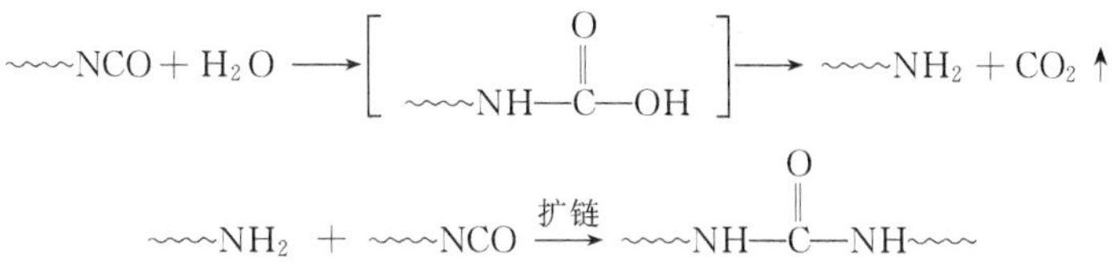

$$\sim\!\!\sim\!\!NCO + H_2O \longrightarrow \left[\begin{array}{c} O \\ \| \\ \sim\!\!\sim\!\!NH\!-\!C\!-\!OH \end{array}\right] \longrightarrow \sim\!\!\sim\!\!NH_2 + CO_2\uparrow$$

$$\sim\!\!\sim\!\!NH_2 + \sim\!\!\sim\!\!NCO \xrightarrow{\text{扩链}} \sim\!\!\sim\!\!NH\!-\!\overset{\displaystyle O}{\overset{\displaystyle \|}{C}}\!-\!NH\!\sim\!\!\sim$$

3. 交联固化，游离的异氰酸酯基与脲基上的活泼氢反应，使分子链发生交联形成体型网状结构。

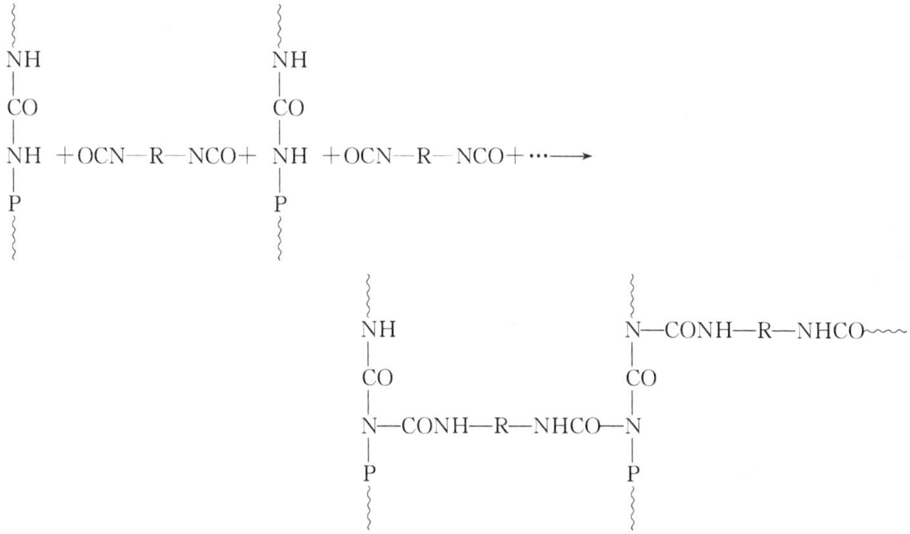

聚氨酯泡沫塑料的软硬取决于所用的羟基聚醚或聚酯，使用较高分子量及相应较低羟值的线型聚醚或聚酯时，得到的产物交联度较低，为软质泡沫塑料；若用短链或支链的多羟基聚醚或聚酯，所得聚氨酯的交联密度高，为硬质泡沫塑料。

【思考题】

1. 在合成聚氨酯过程中，如反应体系进水，会发生哪些反应，写出反应方程式。

2. 按本实验用的原料，写出合成聚醚型聚氨酯有关的化学反应方程式。

实验 23　苯乙烯与马来酸酐的交替共聚合

【实验原理】

带强推电子取代基的乙烯基单体与带强吸电子取代基的乙烯基单体组成的单体对进行共聚合反应时容易得到交替共聚物。

关于其聚合反应机理目前有两种理论。"过渡态极性效应理论"认为在反应过程中，链自由基和单体加成后形成因共振作用而稳定的过渡态。以苯乙烯/马来酸酐共聚合为例，因极性效应，苯乙烯自由基更易与马来酸酐单体形成稳定的共振过渡态，因而优先与马来酸酐进行交叉链增长反应；反之马来酸酐自由基则优先与苯乙烯单体加成，结果得到交替共聚物。

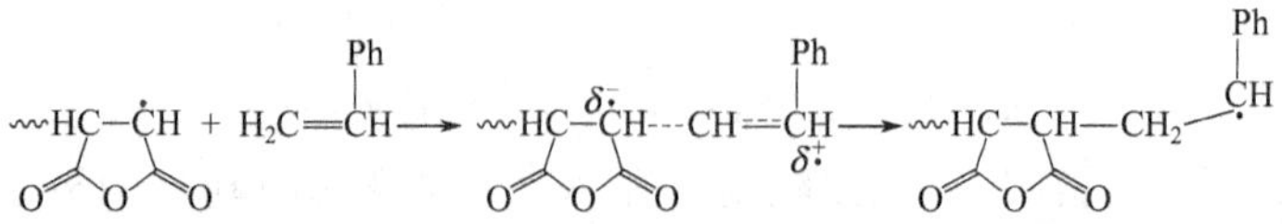

共振过渡态

"电子转移复合物均聚理论"则认为两种不同极性的单体先形成电子转移复合物，该复合物再进行均聚反应得到交替共聚物，这种聚合方式不再是典型的自由基聚合。当这样的单体对在自由基引发下进行共聚合反应时：①当单体的组成比为 1∶1 时，聚合反应速率最大；②不管单体组成比如何，总是得到交替共聚物；③加入 Lewis 酸可增强单体的吸电子性，从而提高聚合反应速率；④链转移剂的加入对聚合产物分子量的影响甚微。

【实验仪器及试剂】

甲苯	75mL
苯乙烯	2.9mL
马来酸酐	2.5g
AIBN	0.005g
装有搅拌器、冷凝管、温度计的三颈瓶	1 套
恒温水浴	1 套
抽滤装置	1 套

在装有冷凝管、温度计与搅拌器的三颈瓶中分别加入 75mL 甲苯、2.9mL 新蒸苯乙烯、2.5g 马来酸酐及 0.005g AIBN，将反应混合物在室温下搅拌至反应物全部溶解成透明溶液，保持搅拌，将反应混合物加热升温至 85～90℃，可观察到有苯乙烯-马来酸酐共聚物沉淀生成，反应 1h 后停止加热，反应混合物冷却至室温后抽滤，所得白色粉末在 60℃下真空干燥后，称重，计算产率。比较聚苯乙烯与苯乙烯-马来酸酐共聚物的红外光谱。

【思考题】

试推断以下单体对进行自由基共聚合时，何者容易得到交替共聚物？为什么？
（a）丙烯酰胺/丙烯腈；（b）乙烯/丙烯酸甲酯；（c）三氟氯乙烯/乙基乙烯基醚

第三篇　高分子材料性能与测试

实验 24　偏光显微镜观察聚合物结晶形态

【实验目的】

1. 熟悉偏光显微镜的构造，掌握偏光显微镜的使用方法。
2. 观察不同结晶温度下得到的球晶的形态，估算聚丙烯球晶大小。
3. 测定聚丙烯在不同结晶度下晶体的熔点。
4. 测定 25℃下聚丙烯的球晶生长速度。

【实验原理】

聚合物的结晶受外界条件影响很大，而结晶聚合物的性能与其结晶形态等有密切的关系，所以对聚合物的结晶形态研究有着很重要的意义。聚合物在不同条件下形成不同的结晶，比如单晶、球晶、纤维晶等，而其中球晶是聚合物结晶时最常见的一种形式。球晶可以长得比较大，直径甚至可以达到厘米数量级。球晶是从一个晶核在三维方向上一齐向外生长而形成的径向对称的结构，由于是各向异性的，就会产生双折射的性质。聚合物球晶在偏光显微镜的正交偏振片之间呈现出特有的黑十字消光图形，因此，普通的偏光显微镜就可以对球晶进行观察。

偏光显微镜的最佳分辨率为 200nm，有效放大倍数超过 100～630 倍，与电子显微镜、X 射线衍射法结合可提供较全面的晶体结构信息。

球晶的基本结构单元是具有折叠链结构的片晶，球晶是从一个中心（晶核）在三维方向上一齐向外生长晶体而形成的径向对称的结构，即一个球状聚集体。光是电磁波，也就是横波，它的传播方向与振动方向垂直。但对于自然光来说，它的振动方向均匀分布，没有任何方向占优势。但是自然光通过反射、折射或选择吸收后，可以转变为只在一个方向上振动的光波，即偏振光。一束自然光经过两片偏振片，如果两个偏振轴相互垂直，光线就无法通过了。光波在各向异性介质中传播时，其传播速度随振动方向不同而变化。折射率值也随之改变，一般都发生双折射，分解成振动方向相互垂直、传播速度不同、折射率不同的两条偏振光。而这两束偏振光通过第二个偏振片时，只有与第二偏振轴平行方向的光线可以通过。而通过的两束光由于光程差将会发生干涉现象。

在正交偏光显微镜下观察，非晶体聚合物因为其各向同性，没有发生双折射现象，光线被正交的偏振镜阻碍，视场黑暗。球晶会呈现出特有的黑十字消光现象，黑十字的两臂分别平行于两偏振轴的方向。而除了偏振片的振动方向外，其余部分就出现了因折射而产生的光亮。在偏振光条件下，还可以观察晶体的形态，测定晶粒大小和研究晶体的多色性等。

【实验仪器及材料】

1. 偏光显微镜及电脑一台、附件一盒、擦镜纸、镊子。

2. 热台、恒温水浴、电炉。

3. 盖玻片、载玻片。

4. 聚丙烯薄膜。

【实验步骤】

1. 组装、调节显微镜。

2. 显微镜调整

(1) 预先打开汞弧灯 10min，以获得稳定的光强，插入单色滤波片。

(2) 去掉显微镜目镜，起偏片和检偏片置于 90°，边观察显微镜筒，边调节灯和反光镜的位置，如需要，可调整检偏片以获得完全消光（视野尽可能暗）。

3. 聚丙烯的结晶形态观察

(1) 切一小块聚丙烯薄膜，放于干净的载玻片上，使之离开玻片边缘，在试样上盖上一块盖玻片。

(2) 预先把电热板加热到 200℃，将聚丙烯样品在电热板上熔融，然后迅速转移到 50℃的热台使之结晶，在偏光显微镜下观察球晶体，观察黑十字消光及干涉色。

(3) 拉开摄像杆，微调至在屏幕上观察到清晰球晶体，保存图像，把同样的样品在熔融后于 100℃和 0℃条件下结晶，分别在电脑上保存清晰的图案。

4. 聚丙烯球晶尺寸的测定

聚合物晶体薄片放在正交显微镜下观察，用显微镜目镜分度尺测量球晶直径，测定步骤如下。

(1) 将带有分度尺的目镜插入镜筒内，将载物台显微尺置于载物台上，使视区内同时见两尺。

(2) 调节焦距使两尺平行排列、刻度清楚。并使两零点相互重合，即可算出目镜分度尺的值。

(3) 取走载物台显微尺，将预测样品置于载物台视域中心，观察并记录晶形，读出球晶在目镜分度尺上的刻度，即可算出球晶直径大小。

5. 球晶生长速度的测定

(1) 将聚丙烯样品在 200℃下熔融，然后迅速放在 25℃的热台上，每隔 10min 把球晶的形态保存下来，直到球晶的大小不再变化为止。

（2）对照照片，测量出不同时间球晶的大小，用球晶半径对时间作图，得到球晶生长速度。

6. 测定在不同温度下结晶的聚丙烯晶体的熔点

（1）预先把电热板调节到 200℃，使聚丙烯充分熔融，然后分别在 20℃、25℃、30℃下结晶。每个结晶样品置于偏光显微镜的热台上加热，观察黑十字开始消失的温度、消失一半的温度和全部消失的温度，记下这三个熔融温度。

（2）实验完毕，关掉热台的电源，从显微镜上取下热台。

（3）关闭汞弧灯。

【思考题】

1. 聚合物结晶过程有何特点？形态特征如何（包括球晶大小和分布、球晶的边界、球晶的颜色等）？结晶温度对球晶形态有何影响？

2. 利用晶体光学原理解释正交偏光系统下聚合物球晶的黑十字消光现象。

实验 25　高分子熔程、熔融指数的测定

【实验目的】

1. 了解显微熔点测定仪的工作原理。
2. 掌握显微熔点测定仪的使用方法。
3. 观察聚合物熔融的全过程。
4. 了解熔体流动速率仪的构造及使用方法。
5. 了解热塑性高聚物的流变性能在理论研究和生产实践上的意义。

【实验原理】

熔点是晶态聚合物最重要的热转变温度，是聚合物最基本的性质之一。因此聚合物熔点的测定对理论研究及对指导工业生产都有重要意义。

聚合物在熔融时，许多性质都发生不连续的变化，如热容量、密度、体积、折射率、双折射及透明度等。具有热力学一级相转变特征，这些性质的变化都可用来测定聚合物的熔点。本实验采用在显微镜下观察聚合物在熔融时透明度发生变化的方法来测定聚合物的熔点，此法迅速、简便，用料极少，结果也比较准确，故应用很广泛。

所谓熔融指数（MI）是指热塑性塑料等在一定温度、一定压力下，熔体在 10min 内通过标准毛细管的重量，用 g/10min 表示。以用来区别各种塑性材料在熔融状态下的流动性能，用以指导热塑性高聚物材料的合成及加工等工作。一般来说，熔融指数较大的热塑性高聚物，其加工性能较好。

【仪器结构与原理】

将聚合物试样置于热台表面中心位置，盖上隔热玻璃，形成隔热封闭腔体，热台可按一定速度升温，当温度达到聚合物熔点时，可在显微镜下清晰地看到聚合物试样某一部分的透明度明显增加并逐渐扩展到整个试样。热台温度用玻璃水银温度计显示。在样品熔化瞬间，立即读出此时的温度，即为该样品的熔点。

1. 显微熔点仪

仪器的光学系统由成像系统和照明系统两部分组成，成像系统由目镜、棱镜和物镜等组成；照明系统由加热台小孔和反光镜等组成。

2. 熔融指数测定仪

熔体流动速率仪是用来表征各种高聚物在黏流态时流动性能的仪器。熔体流动速率仪由主机、温度测量系统、温度控制系统、取样控制系统等装置组成。

（1）主机　主机是该仪器的中心，也称挤出系统，它是由炉体、料筒、活塞、口模、砝码等部件构成。

① 炉体：由黄铜制成，外层配以电加热器，内部装有热敏电阻感温元件。炉体内配装料筒。

② 料筒：是该仪器的关键部件之一，其加工精度和使用维护质量好坏直接影响测试结果。为此在使用中要将此部件保护好，以防碰伤或划伤内孔破坏光洁度。料筒长度为 160mm，内径为 (9.55 ± 0.02)mm。

③ 活塞：采用耐腐蚀不锈钢材料制成，杆长 210mm，直径 (9 ± 0.02)mm，活塞重量为 106g，此重量加上砝码重量，等于实际的负荷重量，活塞杆的上端刻有相距 30mm 的两个刻线环，为试样切割的起止线。

④ 口模：用碳化钨材料制成，与料筒成间隙配合，外径为 $[9.55\pm(0.03\sim0.06)]$mm，内径分别有 (2.095 ± 0.005)mm 和 (1.18 ± 0.01)mm 两种，高度为 (8 ± 0.025)mm，口模内径大小直接影响测试精度，为此要经常用专用塞规检测口模内径尺寸。

⑤ 负荷（砝码）：负荷是砝码与活塞重量之和，精度为 $\pm0.5\%$。本仪器技术条件规定配有九种质量的砝码，使用时将选定的砝码放置在砝码托盘上，在升降装置的控制下，砝码随托盘升降。砝码中有一个基础砝码，与活塞杆相配，形成对物料的压力。

⑥ 导向套：导向套的作用是防止活塞在试验过程中如产生摆动时而改变试验力则影响测试精度，为此在试验时必须先将导向套套在活塞杆上，然后一起插入料筒中。

⑦ 拉板：拉板由不锈钢板制成，与炉体手柄相连，将拉板向外拉出时，可装卸口模，将拉板向里推到底后，拉板可将口模挡住，且刮刀可转动不受拉板阻碍，但试料样条却可通过口模内孔流出。

⑧ 炉体支架：炉体支架是铸铝槽体，槽内是砝码提升控制系统，槽外正面装

载炉体。

（2）温度测量　本仪器采用精密直读式数字温度计，自动测量温度，它可以直接准确地显示料筒内的任意实际温度值，测量范围 0～400℃，测量精度±0.2℃，分辨率为 0.1℃。它是由分度号为 Pt100 的铂电阻作为测量温度的传感元件，在温度改变时引起铂电阻阻值变化，然后转换成直流电压变化，经过线性化处理后，送到数字电压表显示出实际的温度值。

因测温铂电阻的位置与料筒中心有一定距离，两孔内的温度必然有差异，为了使数字温度计显示的温度等于料筒中的实际温度，在测温系统设置了"内标准"调解机构，在出厂前每台仪器经过严格测试后，得出内标准值，将此数值填在"内标准"格内。

温度计须经常进行校对，以确保测量的准确度，面板上数字温度计下面设有内标准按钮（开关）和调内标准电位器（在孔内）。仪器通电 1h 后，按内标准按钮，数字表显示的数值，即为当时的内标准值，如果此时显示的数值与"内标准"的数值不符，可用小改锥伸进调内标准孔内，进行适当调节，直到显示值与给定的"内标准"值一致为止。但误差为正负 1 个字是允许的。

（3）温度控制系统　温度控制是由数字温度计实测的温度与温度设定值进行比较，经过中央处理器（CPU）运算和判断后，计算出调节量来控制可控硅的导通角，从而控制炉体的加热功率，实现自动控温目的，由于该电路采用了微型计算机系统，所以电路简单、操作方便、温度控制精度高、稳定可靠。温度设定值是通过数字拨盘来实现的，定值拨盘是由四位数值组成，即百位、十位、个位和十分位，设定范围为 100.0（100℃）到 400.0（400℃），当设定值大于 400℃时，控温系统立即自动停止工作，输入设定值应注意。

（4）取样系统　本仪器取样是采用步进电机带动切刀旋转来实现的，比用手旋转切刀速度快，准确，减少人为误差，提高了测试精度。

手控方式——用秒表计时，按动电机开关控制取样时间，操作时注意按动电机开关闭合后，手要立即松开，不要保持。

取样时间选择拨盘是由 4 位数组成，最大范围为 999.9s，在操作时，首先按动电机控制按钮，使电机转动一次，这时系统开始计时，达到取样时间时电机旋转一次，但必须注意，在启动时，电机必须先转动一次，否则不会完成自动切割，当不需要切割时可再按一次电机控制开关，电机就立即停止工作。

【实验仪器及试样】

XT$_4$ 型显微熔点测定仪一台，熔融指数测定仪，分析天平，秒表，棉纱布，载玻片、盖玻片数片，聚丙烯粒料，单面刀片一盒。

【实验步骤】

1. 熔点的测定

（1）插上电源，将控温旋钮全部置于零位。

（2）仪器使用前必须将热台预热除去潮气，这时需将控温旋钮调置100V处，观察温度计至120℃，潮气基本消除之后将控温旋钮调至零位。再将金属散热片置于热台中，使温度迅速下降到100℃以下。

（3）取一片干净载玻片放在实验台台面上，用单面刀片从试样粒料上切下均匀的一小薄片试样，放在载玻片上，盖上盖玻片，用镊子将被测试样置于热台中央，最后将隔热玻璃盖在加热台的上台肩面上。

（4）旋转显微镜手轮，使被测样品位于目镜视场中央，以获得清晰的图像。

（5）将控温旋钮旋到50V处，由微调控温旋钮控制升温速度为2～3℃/min，在距熔点10℃时，由微调控温旋钮控制升温速度在1℃/min以内，同时开始记录时间和温度，2min记录一次。

（6）当在显微镜中观察到试样某处透明度明显增加时，聚合物即开始熔融，记录此时的温度，并观察聚合物的熔融过程，当透明部分扩展到整个试样时，熔融过程即结束，将此时的温度记录下来，此温度即聚合物的熔点；而从刚开始熔融时的温度到熔点之间的温度段即为熔限。

（7）将金属散热片置于热台上，使热台温度迅速下降，当温度降到离高聚物熔点30～40℃时，即可进行下次测量，重复测定三次。

（8）测定完毕，将控温旋钮与微调控温旋钮调至零位，再将物镜调起一定高度，拔下电源。

（9）清理实验台上的测试完试样，将实验工具摆放好。

2. 熔融指数的测定

（1）准备工作

① 装取料筒。

② 装口模：将炉体的拉板沿水平方向向里推进，然后将口模用清洗口模棒轻轻放入料筒中。

③ 将活塞套上导向套一起放入料筒。

④ 接通本仪器电源，将温度定值拨盘拨到所需的温度值后，即开始升温，等数字温度表显示的温度到达所设定的温度值，再恒温30min。

⑤ 选择工作条件，设定工作方式：手动取样。

⑥ 其他准备

a. 按所需的负荷重量选好砝码。

b. 将料筒清洗棒、口模清洗棒准备好。

c. 准备一副防热手套（厚布手套也可）。

d. 配备一台精度高于千分之一的精密天平和一台托盘小天平。

（2）测试

① 试料准备：鼓风干燥粒状物料。

② 称料，根据试样的预计熔体流动速率称取试样。

③ 选用塑料试验条件。

④ 装料：当温度稳定在设定值以下（一般恒温为 30min 后）将预热的活塞取出，把称好的试样用漏斗加入料筒内，并用活塞将料压实（以减少气泡），整个加料与压实过程须在 1min 内完成。

⑤ 取样：试样装入后用手或用小砝码加压，使活塞杆上的下环形标记（下刻线）在 5min 内（装料时间和恒温时间加在一起）降到离导向套上表面 5～10mm 处，然后加上选定的试验负荷，当下刻线进入料筒时，按已定好的取样方式进行切取试样。

将取样方式开关拨到手控挡，然后同时按电机控制开关和电子秒表清零开关，切刀旋转一周切去已流出的试样，同时电子秒表开始计时，当电子秒表计时到所需要的切割时间时再次按动电机控制开关，切刀再旋转一周切下试样，即为有效试样条，依次切取 3～5 个无气泡试样条即可。

（3）称重计算结果

试样切取冷却后，用精密天平（要求用 0.001g 分析天平）分别称重（一般试样取 3～5 段），并按下式计算结果

$$MI = 600W/t$$

式中　MI——熔融指数，g/10min；

　　　W——切取样条重量算术平均值，g；

　　　t——切样时间间隔，s。

测试结果取两位有效数字。

每次试样平行测定三次，分别求出 MI 值，如果三次测试结果相对误差超出 10%，应找出原因。

（4）清洗

① 测试完之后，挤出余料，拿出活塞并清洗干净。

② 拉出炉体拉板，用清料杆将口模轻轻压下来，并立即用口模清洗棒进行孔内清洗，用棉纱清洗口模外表。

③ 将棉纱剪成小方块，用清料杆插入料筒内进行清洗，直到清洗干净为止。

以上几种操作都要趁热进行，对一些难清洗的试料，可适当加些润滑物辅助清洗，如硅油、石蜡等或其他化学试剂。

（5）试验报告：试验报告包括下列各项。

① 注明测试方法标准。

② 试样名称、物理形状、牌号、批号和生产厂家。

③ 试样干燥处理条件。

④ 标准口模内径、温度和负荷数。

⑤ 试验结果。

⑥ 试验过程中的异常情况。

⑦ 试验人员、试验日期。

【讨论与思考】

1. 聚合物熔融时为什么有一个较宽的熔融温度范围？

2. 列举一些其他测定聚合物熔点的方法，并简述测量原理。

3. 聚合物的熔融指数与其分子量有什么关系？为什么熔融指数只能表示同种结构聚合物分子量的相对数值，而不能在结构不同的聚合物之间进行比较？

4. 是否可以直接切取 10min 流出的重量为熔融指数？

实验 26　聚丙烯等规度的测定

【实验目的】

1. 了解聚合物的溶解性能。

2. 掌握等规度的计算方法。

【实验原理】

由于聚合物分子量大，具有多分散性，可有线型、支化和交联等多种分子形态，聚集态又可表现为晶态、非晶态等，因此聚合物的溶解现象比小分子化合物复杂得多，具有许多与小分子化合物溶解不同的特性。

1. 聚合物的溶解是一个缓慢过程，包括两个阶段。

(1) 溶胀：由于聚合物链与溶剂分子大小相差悬殊，溶剂分子向聚合物渗透快，而聚合物分子向溶剂扩散慢，结果溶剂分子向聚合物分子链间的空隙渗入，使之体积胀大，但整个分子链还不能做扩散运动。

(2) 溶解：随着溶剂分子的不断渗入，聚合物分子链间的空隙增大，加之渗入的溶剂分子还能使高分子链溶剂化，从而削弱了高分子链间的相互作用，使链段得以运动，直至脱离其他链段的作用，转入溶解。当所有的高分子都进入溶液后，溶解过程方告完成。

溶胀可分为无限溶胀和有限溶胀。

无限溶胀是指聚合物能无限制地吸收溶剂分子直至形成均相的溶液。

有限溶胀是指聚合物吸收溶剂到一定程度后，不管与溶剂接触时间多长，溶剂吸入量不再增加，聚合物的体积也不再增大，高分子链段不能挣脱其他链段的束缚，不能很好地向溶剂扩散，体系始终保持两相状态。

有些有限溶胀的聚合物在升温条件下，可以促进分子链的运动使之易分离而发生溶解。升温可促进溶解，增加溶解度。

对于一些交联聚合物，由于交联的束缚（链与链之间形成化学键），即使升高温度也不能使分子链挣脱化学键的束缚，因此不能溶解。但交联点之间的链段可发生弯曲和伸展，因此可发生溶胀。

2. 聚合物的溶解度与分子量有关。一般分子量越大，溶解度越小；反之，溶解度越大。

3. 非极性晶态聚合物比非晶态聚合物难溶解。

由于非极性晶态聚合物中分子链之间排列紧密，相互作用强，溶剂分子难以渗入，因此在室温条件下只能微弱溶胀；只有升温到其熔点附近，使其晶态结构熔化为非晶态，才能溶解。如线型聚乙烯。

但极性较强的晶态聚合物由于可与极性溶剂之间形成氢键，而氢键的生成热可破坏晶格，使溶解得以进行。

晶态聚合物的结晶度越高，溶解越困难，溶解度越小。热塑性塑料在溶剂中会发生溶胀，但一般不溶于冷溶剂，在热溶剂中，有些热塑性塑料会发生溶解，如聚乙烯溶于二甲苯中，热固性塑料在溶剂中不溶，一般也不发生溶胀或仅轻微溶胀，弹性体不溶于溶剂，但通常会发生溶胀。

非晶态线型高聚物（包括支化高聚物在内）的溶解过程包括溶胀和溶解两个阶段。由于高分子与溶剂分子的尺寸相差悬殊，两者的分子运动速度存在着数量级的差别，因此当高聚物与溶剂混合时，首先是溶剂扩散进高聚物，使高聚物体积膨胀，称为溶胀；然后才是高分子均匀分散在溶剂中，达到完全溶解。

一般而言，部分结晶高聚物的溶解比非晶态线型高聚物的溶解困难。尤其是非极性结晶高聚物在非极性溶剂中，室温下基本不溶解，只有升温至结晶高聚物的熔点附近才能溶解。

交联高聚物只能溶胀而不能溶解。

如果找不到合适的溶剂，可以考虑采用混合溶剂。

【实验仪器及试剂】

仪器：索式提取器、电热套、分析天平、滤纸、曲别针。

设备：真空干燥箱。

试剂：正庚烷。

【实验步骤】

将 1~2g 真空干燥的 PP 用滤纸包好，其中，滤纸的质量为 m_1，滤纸和 PP 的总质量为 m_2。将滤纸包放于索氏抽提器中，用沸腾的正庚烷连续抽提 8h 后，并经真空干燥后恒重（质量为 m_3）。

数据处理

$$II = (m_3 - m_1) \times 100\% / (m_2 - m_1)$$

【思考题】

1. 聚合物溶解的基本理论是什么？

2. 抽提除去了何种物质，依据是什么？

实验 27　浊度滴定法测定高聚物溶度参数

高聚物的溶度参数常用于判别聚合物与溶剂的互溶性，对于选择高聚物的溶剂或稀释剂有着重要的参考价值。低分子化合物低溶度参数一般是从汽化热直接测得，高聚物由于其分子间的相互作用能很大，欲使其汽化较困难，往往未达汽化点已先裂解。所以聚合物的溶度参数不能直接从汽化能测得，而是用间接方法测定。

在二元互溶体系中，只要某聚合物的溶度参数 δ_p 在两个互溶溶剂的 δ 值的范围内，我们便可能调节这两个互溶混合溶剂的溶度参数，使 δ_{sm} 值和 δ_p 很接近，这样，我们只要把两个互溶溶剂按照一定的百分比配制成混合溶剂，该混合溶剂的溶度参数 δ_{sm} 可近似地表示为：

$$\delta_{sm} = \Phi_1 \delta_1 + \Phi_2 \delta_2 \tag{1}$$

式中，Φ_1、Φ_2 分别表示溶液中组分 1 和组分 2 的体积分数。

常用的有平衡溶胀法（测定交联聚合物）、浊度法、黏度法等。浊度滴定法是将待测聚合物溶于某一溶剂中，然后用沉淀剂（能与该溶剂混溶）来滴定，直至溶液开始出现浑浊为止。这样，我们便得到在浑浊点混合溶剂的溶度参数 δ_{sm} 值。

聚合物溶于二元互溶溶剂的体系中，允许体系的溶度参数有一个范围。本实验我们选用两种具有不同溶度参数的沉淀剂来滴定聚合物溶液，这样得到溶解该聚合物混合溶剂参数的上限和下限，然后取其平均值，即为聚合物的 δ_p 值。

$$\delta_p = \frac{1}{2}(\delta_{mh} + \delta_{ml}) \tag{2}$$

这里 δ_{mh} 和 δ_{ml} 分别为高、低溶度参数的沉淀剂滴定聚合物溶液在浑浊点时混合溶剂的溶度参数。

【实验仪器及试剂】

10mL 自动滴定管两个（也可用普通滴定管代用），大试管（25mm×200mm）4 个，5mL 和 10mL 移液管各一支，5mL 容量瓶一个，50mL 烧杯一个。

粉末聚苯乙烯样品，氯仿，正戊烷，甲醇。

【实验步骤】

1. 溶剂和沉淀剂的选择：首先确定聚合物样品溶度参数 δ_p 的范围。取少量样品，在不同 δ 的溶剂中做溶解试验，在室温下如果不溶或溶解较慢，可以把聚合物和溶剂一起加热，并把热溶液冷却至室温，以不析出沉淀才认为是可溶的。从中挑选合适的溶剂和沉淀剂。

2. 根据选定的溶剂配制聚合物溶液：称取 0.2g 左右的聚合物样品（本实验采用聚苯乙烯）溶于 25mL 的溶剂中（用氯仿作溶剂）。用移液管吸取 5mL（或 10mL）溶液，置于一试管中，先用正戊烷滴定聚合物溶液，出现沉淀。振荡试管，使沉淀溶解。继续滴入正戊烷，沉淀逐渐难以振荡溶解。滴定至出现的沉淀刚好无法溶解为止，记下用去的正戊烷体积。再用甲醇滴定，操作同正戊烷，记下所用甲醇体积。

3. 分别称取 0.1g、0.05g 左右的上述聚合物样品，溶于 25mL 溶剂中，同上操作进行滴定。

【数据处理】

（1）根据式（1）计算混合溶剂的溶度参数 δ_{mh} 和 δ_{ml}。

（2）由式（2）计算聚合物的溶度参数 δ_p。

实验 28　高分子溶液黏度法测定溶度参数

【实验目的】

1. 了解测定高分子溶液特性黏度的方法。

2. 掌握高分子溶度参数的测定方法。

【实验原理】

本实验用黏度法测定高聚物的溶度参数。在良溶剂中聚合物分子与溶剂分子的相互作用是相互促进的，分子链得到伸展，产生一种类似于膨胀过程一样的回缩力，因此，膨胀度与特性黏度二者可用相同的参数与溶剂的溶解能力相关联，理论上认为膨胀度 Q、特性黏度 $[\eta]$ 皆是 $V^{1/2}$（$\delta-\delta_p$）的 Gauss 函数如：

$$[\eta]=[\eta]_{max,ev}(\delta-\delta_p)^2$$

当 $[\eta]=[\eta]_{max}$ 时，$\delta_p=\delta$，即高聚物的溶度参数与绝对黏度最大值所对应的溶剂的溶度参数相等。

高聚物内聚能密度为溶度参数的平方即 δ_p^2。

选择不同 δ 值的可溶解该高聚物的溶剂，用黏度法测定高聚物在不同溶剂中形成的溶液的流出时间，求得 $[\eta]$，以 $[\eta]$ 与相应的溶剂的溶度参数 δ 作图，得一曲线，其极值点 $[\eta]_{max}$ 对应的 δ 则可视为高聚物的溶度参数 δ_p。

有些高聚物往往找不到合适的纯溶剂，此时可使用混合溶剂进行测定。在二元互溶体系中，只要某聚合物的溶度参数 δ_p 在两个互溶溶剂的 δ 值的范围内，便可能调节这两个互溶混合溶剂的溶度参数，使 δ_{sm} 值和 δ_p 很接近，这样，我们只要把两个互溶溶剂按照一定的百分比配制成混合溶剂，该混合溶剂的溶度参数 δ_{sm} 可近似地表示为：

$$\delta_{sm}=\Phi_1\delta_1+\Phi_2\delta_2$$

式中，Φ_1、Φ_2 分别表示混合液各组分的体积分数。δ_1、δ_2 分别为混合液中各组分的溶度参数。

只要 δ_p 在各种互溶溶剂的 δ 值范围内，就可配制混合溶剂使 δ_{sm} 值与 δ_p 很接近。根据此原理，我们选用两种互溶且混合时无体积效应的溶剂，其一 δ 值小于 δ_p，另一 δ 值大于 δ_p，按不同比例混合均匀，成一系列混合溶剂，再用这类混合溶剂配制一系列高聚物溶液，分别测其 $[\eta]$，进而求出 δ_p。

【实验仪器及试剂】

1. 仪器

恒温装置 1 套	磨口三角瓶（50～100mL）6 个
秒表　1 只	容量瓶（25mL）　　　　6 个
橡皮吸球 1 个	移液管　　　　　　　　1 支
砂芯漏斗 1 个	乌氏黏度计　　　　　　1 支

2. 药品：甲苯、苯、丁酮、甲酸乙酯、丙酮（皆为 C.P.），PVAc。

【实验步骤】

1. 将恒温水浴调节至 30℃±0.01℃。

2. 称取 0.2g 高聚物放入磨口三角瓶中，加入溶剂使之完全溶解后，用砂芯漏斗过滤至 25mL 的容量瓶中，用同种溶剂稀释至刻度，混合均匀后即得浓度约为 1% 的溶液。同法配制甲苯、苯、丁酮、甲酸乙酯、丙酮的 PVAc 溶液各 25mL，并放于恒温水浴中恒温。

3. 取丙酮、丁酮按不同比例配制成 $\delta_{sm}=9.8～10.0$ 的混合溶剂，再如同步骤 2 配制一系列浓度约为 1% 的 PVAc 溶液，并放在恒温槽中恒温待用。

4. 取一支乌氏黏度计（或奥氏黏度计）垂直固定于恒温水浴中，并使黏度计上方之小球浸没在水中。

5. 用移液管吸取 10mL 溶液注入黏度计中，恒温 10min，测定溶液的流出时间。重复测定三次，误差不超过 0.2s，取其平均值即为溶液的流出时间 t。

6. 倒出溶液用同一溶剂洗涤 3～5 次，吸取 10mL 溶剂，放于管中，恒温 10min 后测溶剂的流出时间 t。

7. 重复步骤 4～6，测定各不同溶液及相应的溶剂之流出时间 t 和 t_0（按 t_0：90～110s 之间选择黏度计）。

【数据记录及处理】

1. 求溶解度参数 δ_p：按一点法求特性黏度

$$[\eta]=\frac{1}{c}\sqrt{2(\eta_{sp}-\ln\eta_r)}$$

作图：$[\eta]$ 对 δ 作图，对应的值为 δ_p。

2. 计算内聚能密度（此步不用写）。

【思考题】

应用黏度计测定聚合物的溶度参数中，聚合物溶液的浓度对结果有何影响？为什么？

实验 29 黏度法测定高聚物的分子量

【实验目的】

1. 测定聚乙二醇的黏均分子量。
2. 掌握用乌贝路德（Ubbelohde）黏度计测定黏度的方法。

【实验原理】

高聚物在稀溶液中的黏度，主要反映了液体在流动时存在着内摩擦。在测高聚物溶液黏度求分子量时，常用到下面一些名词（见表5）。

如果高聚物分子的分子量愈大，则它与溶剂间的接触表面也愈大，摩擦就大，表现出的特性黏度也大。特性黏度和分子量之间的经验关系式为：

$$[\eta] = KM^{\alpha} \tag{3}$$

式中，M 为黏均分子量；K 为比例常数；α 是与分子形状有关的经验参数。K 和 α 值与温度、聚合物、溶剂性质有关，也和分子量大小有关。K 值受温度的影响较明显，而 α 值主要取决于高分子线团在某温度下、某溶剂中舒展的程度，其数值介于 0.5～1 之间。

表 5 名词

名词与符号	物 理 意 义
纯溶剂黏度 η_0	溶剂分子与溶剂分子间的内摩擦表现出来的黏度
溶液黏度 η	溶剂分子与溶剂分子之间、高分子与高分子之间和高分子与溶剂分子之间，三者内摩擦的综合表现
相对黏度 η_r	$\eta_r = \eta/\eta_0$ 溶液黏度对溶剂黏度的相对值
增比黏度 η_{sp}	$\eta_{sp} = (\eta - \eta_0)/\eta_0 = \eta/\eta_0 - 1 = \eta_r - 1$，高分子与高分子之间、纯溶剂与高分子之间的内摩擦效应
比浓黏度 η_{sp}/c	单位浓度下所显示出的黏度
特性黏度 $[\eta]$	反映高分子与溶剂分子之间的内摩擦

在无限稀释条件下

$$\lim_{c \to 0} \frac{\eta_{sp}}{c} = \lim_{c \to 0} \frac{\ln\eta_r}{c} = [\eta]$$

因此，我们获得 $[\eta]$ 的方法有两种：一种是以 η_{sp}/c 对 c 作图，外推到 $c \to 0$ 的截距值；另一种是以 $\ln\eta_r/c$ 对 c 作图，也外推到 $c \to 0$ 的截距值，如图6所示，两根线应会合于一点，这也可校核实验的可靠性。一般这两根直线的方程表达式为下列形式：

$$\frac{\eta_{sp}}{c} = [\eta] + k[\eta]^2 c$$

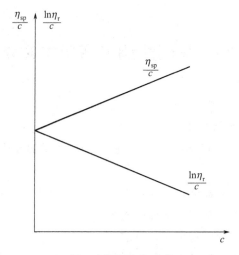

图 6 外推法求 [η]

$$\frac{\ln\eta_r}{c}=[\eta]-\beta[\eta]^2 c$$

在测定高聚物分子的特性黏度时，以毛细管流出法的黏度计最为方便。若液体在毛细管黏度计中，因重力作用流出时，可通过泊肃叶（Poiseuille）公式计算黏度。

$$\frac{\eta}{\rho}=\frac{\pi h g r^4 t}{8LV}-m\frac{V}{8\pi Lt}$$

式中，η 为液体的黏度；ρ 为液体的密度；L 为毛细管的长度；r 为毛细管的半径；t 为流出的时间；h 为流过毛细管液体的平均液柱高度；V 为流经毛细管的液体体积；m 为毛细管末端校正的参数（一般在 $r/L\ll1$ 时，可以取 $m=1$）。

对于某一只指定的黏度计而言，上式可以写成下式

$$\frac{\eta}{\rho}=At-\frac{B}{t}$$

式中，$B<1$，当流出的时间 t 在 2min 左右（大于 100s），该项（亦称动能校正项）可以从略。又因通常测定是在稀溶液中进行（$c<1\times10^{-2}\,\text{g/cm}^3$），所以溶液的密度和溶剂的密度近似相等，因此可将 η_r 写成：

$$\eta_r=\frac{\eta}{\eta_0}=\frac{t}{t_0}$$

式中，t 为溶液的流出时间；t_0 为纯溶剂的流出时间。所以通过溶剂和溶液在毛细管中的流出时间，从上式求得 η_r，再由图 6 求得 [η]。

【实验仪器及试剂】

1. 仪器：恒温槽 1 套；乌贝路德黏度计 1 只；移液管（10mL）2 只，（5mL）1 只；停表 1 只；洗耳球 1 只；螺旋夹一只；橡皮管（约 5cm 长）2 根。

2. 药品：聚乙二醇，蒸馏水。

【实验步骤】

本实验用的乌贝路德黏度计，又叫气承悬柱式黏度计。它的最大优点是可以在黏度计里逐渐稀释从而节省许多操作手续，其构造如图 7 所示。

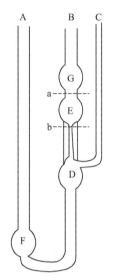

图 7 乌贝路德黏度计

1. 先用洗液将黏度计洗净，再用自来水、蒸馏水分别冲洗几次，每次都要注意反复流洗毛细管部分，洗好后烘干备用。

2. 调节恒温槽温度至（30.0±0.1）℃，在黏度计的 C 管上都套上橡皮管，然后将其垂直放入恒温槽，使水面完全浸没 G 球。

3. 溶液流出时间的测定：用移液管分别吸取已知浓度的聚乙二醇溶液 10mL，由 A 管注入黏度计中，在 C 管处用洗耳球打气，使溶液混合均匀，浓度记为 c_1，恒温 10min，进行测定。测定方法如下：将 C 管用夹子夹紧使之不通气，在 B 管用洗耳球将溶液从 F 球经 D 球、毛细管、E 球抽至 G 球 2/3 处，先拿走洗耳球后，再解去夹子，让 C 管通大气，此时 D 球内的溶液即回入 F 球，使毛细管以上的液体悬空。毛细管以上的液体下落，当液面流经 a 刻度时，立即按停表开始记时间，当液面降至 b 刻度时，再按停表，测得刻度 a、b 之间的液体流经毛细管所需时间。重复这一操作至少三次，它们间相差不大于 0.3s，取三次的平均值为 t_1。

然后依次由 A 管用移液管加入 5mL、5mL、10mL、10mL 蒸馏水，将溶液稀释，使溶液浓度分别为 c_2、c_3、c_4、c_5，用同法测定每份溶液流经毛细管的时间 t_2、t_3、t_4、t_5。应注意每次加入蒸馏水后，要充分混合均匀，并抽洗黏度计的 E 球和 G 球，使黏度计内溶液各处的浓度相等。

4. 溶剂流出时间的测定：用蒸馏水洗净黏度计，尤其要反复流洗黏度计的毛细管部分。由 A 管加入约 15mL 蒸馏水。用同法测定溶剂流出的时间 t_0。

实验完毕后，黏度计一定要用蒸馏水洗干净。

【实验注意事项】

1. 黏度计必须洁净，高聚物溶液中若有絮状物，不能将它移入黏度计中。

2. 本实验溶液的稀释是直接在黏度计中进行的，因此每加入一次溶剂进行稀释时必须混合均匀，并抽洗 E 球和 G 球。

3. 实验过程中恒温槽的温度要恒定，溶液每次稀释恒温后才能测量。

4. 黏度计要垂直放置。实验过程中不要振动黏度计。

【数据处理】

1. 将所测的实验数据及计算结果填入表 6 中。

表 6 实验数据及计算结果

原始溶液浓度 c_0 _____ g/cm³；恒温温度 _____ ℃

$c/(g/cm^3)$	t_1/s	t_2/s	t_3/s	$t_{平均}/s$	η_r	$\ln\eta_r$	η_{sp}	η_{sp}/c	$\ln\eta_r/c$
c_1									
c_2									
c_3									
c_4									
c_5									

2. 作 η_{sp}/c-c 及 $\ln\eta_r/c$-c 图，并外推到 $c \to 0$ 由截距求出 $[\eta]$。

3. 由公式(3)计算聚丙烯酰胺的黏均分子量。

【思考题】

1. 乌贝路德黏度计中支管 C 有何作用？除去支管 C 是否可测定黏度？

2. 黏度计的毛管太粗或太细有什么缺点？

3. 为什么用 $[\eta]$ 来求算高聚物的分子量？它和纯溶剂黏度有无区别？

实验 30 凝胶渗透色谱法测定聚合物的分子量及分子量分布

分子量的多分散性是高聚物的基本特征之一。聚合物的性能与其分子量和分子量分布密切相关。凝胶渗透色谱（gel permeation chromatography，GPC）是液相色谱的一个分支，已成为测定聚合物分子量分布和结构的最有效手段。其还可测定聚合物的支化度，共聚物及共混物的组成。

【实验目的】

1. 了解 GPC 法测定高聚物分子量及分子量分布的原理。

2. 掌握 Waters-2100 型仪器的操作技术。

3. 掌握 SEC 数据处理方法。

【实验原理】

　　体积排除色谱（GPC）分离机理认为在多孔载体（其孔径大小有一定的分布，并与待分离的聚合物分子尺寸可比拟的凝胶或多孔微球）充填的色谱柱里引入聚合物溶液，用溶剂淋洗，体系是处于扩散平衡的状态。聚合物分子在柱内流动过程中，不同大小的分子向载体孔洞渗透的程度不同，大分子能渗透进去的孔洞数目比小分子少，有些孔洞即使大、小分子都能渗透进去，但大分子能渗透的深度浅。溶质分子的体积越小渗透进去的概率越大，随着溶剂流动，它在柱中保留的时间越长。如果分子的尺寸超过载体孔的尺寸时，则完全不能渗透进孔里，只能随着溶剂从载体的粒间空隙中流过，最先淋出。当具有一定分子量分布的高聚物溶液从柱中通过时，较小的分子在柱中保留的时间比大分子保留的时间要长，于是整个样品即按分子尺寸由大到小的顺序依次流出。

　　色谱柱总体积为 V_t，载体骨架体积为 V_g，载体中孔洞总体积为 V_i，载体粒间体积为 V_0，则

$$V_t = V_g + V_0 + V_i$$

V_0 和 V_i 之和构成柱内的空间。溶剂分子体积远小于孔的尺寸，在柱内的整个空间 $(V_0 + V_i)$ 活动；高分子的体积若比孔的尺寸大，载体中任何孔均不能进入，只能在载体粒间流过，其淋出体积是 V_0；高分子的体积若足够小，如同溶剂分子尺寸，所有的载体孔均可以进出，其淋出体积为 $(V_0 + V_i)$；高分子的体积是中等大小的尺寸，它只能在载体孔 V_i 的一部分孔中进出，其淋出体积 V_e 为

$$V_e = V_0 + K V_i$$

K 为分配系数，其数值 $0 \leqslant K \leqslant 1$，与聚合物分子尺寸大小和在填料孔内、外的浓度比有关。当聚合物分子完全排除时，$K=0$；在完全渗透时，$K=1$。当 $K=0$ 时，$V_e = V_0$；此处所对应的聚合物分子量是该色谱柱的渗透极限（PL），商品 SEC 仪器的 PL 常用聚苯乙烯的分子量表示。聚合物分子量超过 PL 值时，只能在 V_0 以前被淋洗出来，没有分离效果。

　　V_0 和 V_g 对分离作用没有贡献，应设法减小；V_i 是分离的基础，其值越大柱子分离效果越好。制备孔容大，能承受压力，粒度小，又分布均匀，外形规则（球形）的多孔载体，让其尽可能紧密装填以提高分离能力。柱效的高低，常采用理论塔板数 N 和分离度 R 来做定性的描述。测定 N 的方法可以用小分子物质做出色谱图，从图上求得流出体积 V_e 和峰宽 W，以下式计算 N 值：$N = (4V_e/W)^2$，N 值越大，意味着柱子的效率越高。"1"、"2"代表分子量不同的两种标准样品，$V_{e,1}$、$V_{e,2}$、W_1、W_2 为其淋出体积和峰宽，分离度 R 的计算为 $R = \dfrac{2(V_{e,2} - V_{e,1})}{W_1 + W_2}$，若 $R \geqslant 1$，则完全分离。

　　上面阐述的 GPC 分离机理只有在流速很低、溶剂黏度很小、没有吸附、扩散处于平衡的特殊条件下成立，否则会得出不合理的结果。

　　实验测定聚合物 SEC 谱图，所得各个级份的分子量测定，有直接法和间接法。直接法是指 GPC 仪和黏度计或光散射仪联用；而最常用的间接法则用一系列分子量已知的单分散的（分子量比较均一）标准样品，求得其各自的淋出体积 V_e，做出 $\lg M$ 对 V_e 校正曲线。

$$\lg M = A - B V_e \tag{4}$$

　　当 $\lg M > \lg M_a$ 时，曲线与纵轴平行，表明此时的流出体积（V_0）和样品的分子是无关，V_0 即为柱中填料的粒间体积，M_a 就是这种填料的渗透极限。当 $\lg M < \lg M_a$ 时，V_e 对 M 的依赖变得非常迟钝，没有实用价值。在 $\lg M_a$ 和 $\lg M_d$ 点之间为一直线，即式(4)表达的校正曲线。式中 A、B 为常数，与仪器参数、填料和实验温度、流速、溶剂等操作条件有关，B 是曲线斜率，是柱子性能的重要参数，B 数值越小，柱子的分辨率越高。

　　上述测定的校准曲线只能用于与标准物质化学结构相同的高聚物，若待分析样品的结构不同于标准物质，需用普适校准线。SEC 法是按分子尺寸大小分离的，即淋出体积与分子线团体积有关，利用 Flory 的黏度公式：

$$[\eta] = \phi' \frac{R^3}{M}, \quad [\eta] M = \phi' R^3$$

R 为分子线团等效球体半径。$[\eta] M$ 是体积量纲，称为流体力学体积。众多的实验中得出 $[\eta] M$ 的对数与 V_e 有线性关系。这种关系对绝大多数的高聚物具有普适性。普适校准曲线为

$$\lg([\eta] M) = A' - B' V_e \tag{5}$$

因为在相同的淋洗体积时，有

$$[\eta]_1 M_1 = [\eta]_2 M_2 \tag{6}$$

式中下标 1 和 2 分别代表标样和试样。它们的 Mark-Houwink 方程分别为

$$[\eta]_1 = K_1 M_1^{\alpha_1}$$
$$[\eta]_2 = K_2 M_2^{\alpha_2}$$

因此可得

$$M_2 = \left(\frac{K_1}{K_2}\right)^{\frac{1}{\alpha_2+1}} M_1^{\frac{\alpha_1+1}{\alpha_2+1}} \tag{7}$$

或

$$\lg M_2 = \frac{1}{\alpha_2+1} \lg \frac{K_1}{K_2} + \frac{\alpha_1+1}{\alpha_2+1} \lg M_1 \tag{8}$$

将式(8)代入，即得待测试样的标准曲线方程

$$\lg M_2 = \frac{1}{\alpha_1+1} \lg \frac{K_1}{K_2} + \frac{\alpha_1+1}{\alpha_2+1} A - \frac{\alpha_1+1}{\alpha_2+1} B V_e = A' - B' V_e$$

K_1、K_2、α_1、α_2 可以从手册查到，从而由第一种聚合物的 $M\text{-}V_e$ 校正曲线换算成第二种聚合物的 $M\text{-}V_e$ 曲线，即从聚苯乙烯标样做出的 $M\text{-}V_e$ 校正曲线，可以换算成各种聚合物的校正曲线。

【实验仪器及试剂】

　　Waters-2100 液相色谱仪、聚苯乙烯样品、四氢呋喃溶剂。

【实验步骤】

1. 流动相的准备：重蒸四氢呋喃，经 5# 砂芯漏斗过滤后备用。

2. 溶液配制：分别配制 5mL 的聚苯乙烯标样及待测样品的溶液（浓度为 0.05%～0.3%），溶解后，经 5# 砂芯漏斗过滤备用。

3. Waters-500 型液相色谱仪的启动

（1）将经过脱气的四氢呋喃倒入色谱仪的溶剂瓶，色谱仪出口接上回收瓶。

（2）打开泵（Waters-2100），从小到大调节流量，最后流速稳定在 1.0mL/min。

（3）打开示差折光检测器（Waters-2100），同时按下示差检测器面板上的"2ND FUNC"和"PURGE"键，使淋洗液回流通过参比池；进样前再按下"CLEAR"键，使流路切换回原位。

（4）打开计算机，联机记录。

4. 进样：待记录的基线稳定后，将进样器把手扳到"LOAD"位（动作要迅速），用进样注射器吸取样品 50μL，并注入进样器（注意排除气泡）。这时将进样器把手扳到"INJECT"位（动作要迅速），即进样完成，同时应做进样记录。一样品测试完成（不再出峰时），可按前面步骤再进其他样品。

5. 试验结束，应清洗进样器，再依次关机。

【数据记录及处理】

1. GPC 谱图的归一化处理：如果仪器和测试条件不变，那么实验得到的谱图可作为试样之间分子量分布的一种直观比较。一般地，应将原始谱图进行"归一化"后再比较。所谓"归一化"，就是把原始谱图的纵坐标转换为质量分数，以便于比较不同的实验结果和简化计算。具体做法：确定色谱图的基线后，把色谱峰下的淋出体积等分为 20 个计算点。记下这些计算点处的总坐标高度 H_i（它正比于被测试样的重量浓度）。把所有的 H_i 加和后得到 $\sum H_i$（它正比于被测试样的总浓度）。那么，$H_i/\sum H_i$ 就等于各计算点处的组分点总试样的质量分数，以 $H_i/\sum H$ 对 V_e（或 $\lg M$）做图就得归一化的 GPC 图。

2. 计算 $\overline{M}_w$、$\overline{M}_n$、$\overline{M}_\eta$ 及分散度 d。

令
$$W_i = H_i / \sum H_i$$

按定义有：$\overline{M}_w = \sum M_i W_i$；$\overline{M}_n = \left(\sum \dfrac{W_i}{M_i} \right)^{-1}$；$\overline{M}_\eta = \left(\sum W_i M_i^2 \right)^{\frac{1}{\alpha}}$；$d = \dfrac{\overline{M}_w}{\overline{M}_n}$。

计算所需的 M_i 值可由校正曲线上查得。

【思考题】

1. 色谱柱是如何将高聚物分级的？影响柱效的因素有哪些？

2. 本实验中校准曲线的线性关系，在色谱柱重装，或换了柱时能否再使用？

3. SEC 法的溶剂选择有什么要求？

4. 同样分子量样品支化的和线型的分子哪个先流出色谱柱？

参 考 文 献

[1] 潘祖仁.高分子化学 [M].第4版.北京:化学工业出版社,2007.
[2] 邱建辉.高分子合成化学实验 [M].北京:国防工业出版社,2008.
[3] 何卫东.高分子化学实验 [M].合肥:中国科学技术大学出版社,2009.
[4] 李青山.微型高分子化学实验 [M].第2版.北京:化学工业出版社,2009.
[5] 张兴英,李齐芳.高分子科学实验 [M].第2版.北京:化学工业出版社,2007.
[6] 刘承美,邱进俊.现代高分子化学实验与技术 [M].武汉:华中科技大学出版社,2008.
[7] 杜奕.高分子化学实验与技术 [M].北京:清华大学出版社,2008.
[8] 曲荣君.材料化学实验 [M].北京:化学工业出版社,2008.
[9] 韩哲文.高分子科学实验 [M].上海:华东理工大学出版社,2005.
[10] 龚国华,朱瀛波.聚对苯二甲酸乙二醇酯废料的回收方法 [J].化工环保,2004,24
    (3):99-201.